新技术技能人才培养系列教程

人工智能开发工程师系列

Python 数据分析
——从获取到可视化

Python for Data Analysis
——Access to Data and Visualization

肖睿 马经权 周华乐 王海军 / 编著

人民邮电出版社

北 京

图书在版编目（CIP）数据

Python数据分析：从获取到可视化 / 肖睿等编著
. -- 北京：人民邮电出版社，2022.1（2022.12重印）
ISBN 978-7-115-56365-1

Ⅰ. ①P… Ⅱ. ①肖… Ⅲ. ①软件工具－程序设计
Ⅳ. ①TP311.56

中国版本图书馆CIP数据核字(2021)第066242号

内 容 提 要

随着互联网的蓬勃发展，从浩瀚的网络世界中获取数据并加以处理，从中提取有用的信息越发重要。本书将带领读者学习如何获取数据，并以合适的方式呈现数据。全书分为 4 个部分。第 1 部分，即第 1 章～第 5 章，主要介绍数据的采集，从数据采集的意义和基本概念开始，依次介绍 Python 工具库、Scrapy 采集框架、通过 Selenium 采集动态页面和 App 数据；第 2 部分即第 6 章，主要介绍 4 种常用的数据分析方法；第 3 部分，即第 7 章／第 9 章，主要通过 3 种可视化工具介绍数据可视化；第 4 部分即第 10 章，介绍一个完整的实战项目，帮助读者系统地梳理数据采集、分析、可视化的整个过程，巩固理论知识，增强实战体验。

阅读本书，读者应具备使用 Python 语言编程的基本能力。本书可以作为各大高校人工智能、大数据相关专业的教材，也可以作为相关技术培训的教材，还适合数据处理、数据分析、数据可视化相关从业者自学参考。

◆ 编　著　肖　睿　　马经权　　周华乐　　王海军
责任编辑　祝智敏
责任印制　王　郁　　马振武
◆ 人民邮电出版社出版发行　　　北京市丰台区成寿寺路 11 号
邮编　100164　　电子邮件　315@ptpress.com.cn
网址　https://www.ptpress.com.cn
天津翔远印刷有限公司印刷
◆ 开本：787×1092　1/16
印张：14.75　　　　　　　　　2022 年 1 月第 1 版
字数：309 千字　　　　　　　2022 年 12 月天津第 2 次印刷

定价：59.80 元

读者服务热线：**(010)81055256**　印装质量热线：**(010)81055316**
反盗版热线：**(010)81055315**
广告经营许可证：京东市监广登字 20170147 号

人工智能开发工程师系列

编 委 会

序

工具和火的使用让人类成为高级生物，语言和文字为人类形成社会组织和社会文化提供了支撑。之后，人类历经农业革命、工业革命、能源革命、信息革命，终于走到今天的"智能革命"。薛定谔认为熵减是生命的本质，而第二热力学定律认为熵增是时间的本质。宇宙中生命的意义之一就是和时间对抗，而对抗的工具就是智能，智能的基础就是信息和信息熵。

人类智能可以分为：生物脑智能、工具自动化智能、人工智能等。其中人工智能主要是指机器智能，它又可以分为强人工智能和弱人工智能。强人工智能是制造有意识和生物功能的机器，如制造一个不但飞得快，还有意识、会扇动翅膀的鸟。弱人工智能则是不模仿手段，直接实现目标功能的机器，如制造只会飞的飞机。强人工智能现在还没有完全成为一门理性的学科，在心理学、神经科学等领域有很多问题需要解决，还有很长的路要走。弱人工智能是目前智能革命的主角，主要有基于知识工程和符号学习的传统人工智能，以及基于数据和统计学习的现代人工智能（包括机器学习和深度学习技术）。现代人工智能的本质是一种数据智能，主要适用于分析和预测，也是本序中讨论的主要的人工智能形式。其中，分析假设研究对象在问题领域的数据足够丰富；预测假设研究对象在时间变化中存在内在规律，过去的数据和未来的数据是同构的。分析和预测的基础是数学建模。根据以上对人工智能的分类和梳理，我们很容易就能判断当前的人工智能能做什么、不能做什么，既不会忽视人工智能的技术"威力"，也不会盲目神化人工智能。

很多人会把人工智能技术归属为计算机技术，但我认为计算机技术仅仅是人工智能的工具，而人工智能技术的核心在于问题的抽象和数据建模。如果把人工智能技术类比为天文学，计算机技术就可以类比为望远镜，二者有着密切的关系，但并不完全相同。至于其他计算机应用技术，如手机应用、网络游戏、计算机动画等技术，则可以类比为望远镜在军事、航海等领域的应用。如果将传统的计算机应用技术称为软件 1.0，人工智能技术则可以称为软件 2.0。软件 1.0 的核心是代码，解决的是确定性问题，对于问题解决方案的机制和原理是可以解释的、可以重复的；软件 2.0 的核心是数据，解决的是非确定性问题，对于问题解决方案的机制和原理缺乏可解释性和可重复性。用通俗的话来讲，软件 1.0 要求人们首先给出问题解决方案，然后用代码的方式告诉计算机如何去按照方案和步骤解决问题；软件 2.0 则只给出该问题的相关数据，然后让计算机自己学习这些数据，最后找出问题的解决方案，这个方案可以解决问题，但可能和我们自己的解决方案不同，我们也可能看不懂软件 2.0 的解决方案的原理，即"知其然不知其所以然"。但软件 2.0 非常适合解决人类感知类的问题，例如计算机视觉、语音处理、机器翻译等。这类问题对于我们来说可以轻松解决，但是我们可能也说不清是怎么解决的，所以无法给出明确的解决方案和解决步骤，从而无法用软件 1.0 的方式让计算机解决这些问题。

如今，基于数据智能的人工智能技术正在变成一种通用技术，一种"看不见"但被广泛使用的技术。这类似于计算机对各个行业的影响，类似于互联网对各个行业的影响。近期，工业互联网以及更广泛的产业互联网，将成为人工智能、大数据、物联网、5G 等技术最大的应用场景。

人工智能技术在产业中有 5 个重要的工作环节：一是算法和模型研究，二是问题抽象和场景分析，三是模型训练和算力支持，四是数据采集和处理，五是应用场景的软硬件工程。其中前 4 个工作环节属于人工智能的研究和开发领域，第 5 个属于人工智能的应用领域。

（1）算法和模型研究。数据智能的本质是从过去的数据中发现固定的模式，假设数据是独立同分布的，其核心工作就是用一个数学模型来模拟现实世界中的事物。而如何选择合适的模型框架，并计算出模型参数，让模型尽可能地、稳定地逼近现实世界，就是算法和模型研究的核心。在实践中，机器学习一般采用数学公式来表示一种映射，深度学习则通过深度神经网络来表示一种映射，后者在对数学函数的表达能力上往往优于前者。

（2）问题抽象和场景分析。在人工智能的"眼"中，世界是数字化的、模型化的、抽象的。如何把现实世界中的问题找出来，并描述成抽象的数学问题，是人工智能技术应用的第一步。这需要结合深度的业务理解和场景分析才能够完成。例如，如何表示一幅图、一段语音，如何对用户行为进行采样，如何设置数据锚点，都非常需要问题抽象和场景分析能力，是与应用领域高度相关的。

（3）模型训练和算力支持。在数据智能尤其是深度学习技术中，深度神经网络的参数动辄数以亿计，使用的训练数据集也是海量的大数据，最终的网络参数通常使用梯度优化的数值计算方法计算，这对计算能力的要求非常高。在用于神经网络训练的计算机计算模型成熟之前，工程实践中一般使用的都是传统的冯·诺依曼计算模型的计算机，只是在计算机体系设计（包括并行计算和局部构件优化）、专用的计算芯片（如 GPU）、计算成本规划（如计算机、云计算平台）上进行不断的优化和增强。对于以上这些技术和工程进展的应用，是模型训练过程中需要解决的算力支持问题。

（4）数据采集和处理。在数据智能尤其是深度学习技术中，数据种类繁多，数据数量十分庞大。如何以低成本获取海量的数据样本并进行标注，往往是一种算法是否有可能成功、一种模型能否被训练出来的关键。因此，针对海量数据，如何采集、清洗、存储、交易、融合、分析变得至关重要，但往往也耗资巨大。这有时成为人工智能研究和应用组织之间的竞争壁垒，甚至出现了专门的数据采集和处理行业。

（5）应用场景的软硬件工程。训练出来的模型在具体场景中如何应用，涉及大量的软件工程、硬件工程、产品设计工作。在这个工作环节中，工程设计人员主要负责把已经训练好的数据智能模型应用到具体的产品和服务中，重点考虑设计和制造的成本、质量、用户体验。例如，在一个客户服务系统中如何应用对话机器人模型来完成机器人客服功能，在银行或社区的身份验证系统中如何应用面部识别模型来完成人脸识别工作，在随身翻译器中如何应用语音识别模型来完成语音自动翻译工作等。这类工作的重点并不在人工智能技术本身，而在如何围绕人工智能模型进行简单优化和微调之后，通过软件工程、硬件工程、产品设计工作来完成具体的智能产品或提供具体的智能服务。

在就业方面，产业内的人工智能人才可以分为 5 类，分别是研究人才、开发人才、工程人才、数据人才、应用人才。对于这 5 类人工智能人才，工作环节都有不同的侧重比例和要求。

（1）研究人才岗位对学历、数学基础都有非常高的要求。研究人才主要工作于学校或企业研究机构，其在人工智能技术的 5 个环节的工作量分配一般是 20%、20%、30%、30%、0%。

（2）开发人才岗位对学历、数学基础都有要求。开发人才主要工作于企业人工智能技术提供机构的产品和服务部门，其在人工智能技术的 5 个环节的工作量分配一般是 10%、20%、30%、30%、10%。

（3）工程人才对从业者的学历有要求，对其数学基础要求不高，主要工作于人工智能技术提供机构的产品和服务部门，其在人工智能技术的 5 个环节的工作量分配一般是 0%、20%、20%、30%、30%。

（4）数据人才对从业者的学历、数学基础没有特殊要求，主要工作于人工智能技术提供机构、应用机构的数据和服务部门，其在人工智能技术的 5 个环节的工作量分配一般是 0%、10%、10%、70%、10%。

（5）应用人才对从业者的学历、数学基础没有特殊要求，主要工作于人工智能技术应用机构的产品和服务部门，大部分来自传统的计算机应用行业，其在人工智能技术的 5 个环节的工作量分配一般是 0%、10%、10%、10%、70%。

课工场和人民邮电出版社联合出版的这一系列人工智能教材，目的是针对性地培养人工智能领域的研究人才、开发人才和工程人才，是经过 5 年的技术跟踪、岗位能力分析、教学实践经验总结而成的。对于人工智能领域的开发人才和工程人才，其技能体系主要包括 5 个方面。

（1）数据处理能力。数据处理能力包括对数据的敏感性，对大数据的采集、整理、存储、分析和处理能力，用数学方法和工具从数据中获取信息的能力。这一点对于人工智能研究人才和开发人才尤其重要。

（2）业务理解能力。业务理解能力包括对领域问题和应用场景的理解、抽象、数字化能力。其核心是如何把具体的业务问题，转换成可以用数据描述的模型问题或数学问题。

（3）工具和平台的应用能力。即如何利用现有的人工智能技术、工具、平台进行数据处理和模型训练，其核心是了解各种技术、工具和平台的适用范围和能力边界，如能做什么、不能做什么，假设是什么、原理是什么。

（4）技术更新能力。人工智能技术尤其是深度学习技术仍旧处于日新月异的发展时期，新技术、新工具、新平台层出不穷。作为人工智能研究人才、开发人才和工程人才，阅读最新的人工智能领域论文，跟踪最新的工具和代码，跟踪谷歌、微软、亚马逊、阿里巴巴等公司的人工智能平台和生态发展，也是非常重要的。

（5）实践能力。在人工智能领域，实践技巧和经验，甚至"数据直觉"，往往是人工智能技术得以落地应用、给企业和组织带来价值的关键因素。在实践中，不仅要深入理解各种机器学习和深度学习技术的原理和应用方法，更要熟悉各种工具、平台、软件包的性能和缺陷，对于各种算法的适用范围和优缺点要有丰富的经验积累和把握。同时，还要对人工智能技术实践中的场景、算力、数据、平台工具有全面的认识和平衡能力。

课工场和人民邮电出版社联合出版的本系列人工智能教材和参考书，针对我国人工智能领域的研究人才、开发人才和工程人才，在学习内容的选择、学习路径的设计、学习方法和项目支持方面，充分体现了以岗位能力分析为基础，以核心技能筛选和项目案例融合为核心，以螺旋渐进的学习模式和完善齐备的教学资料为特色的技术教材的要求。概括来说，本系列教材主要包含以下 3 个特色，可满足大专院校人工智能相关专业的教学和人才培养需求。

（1）实操性强。本系列的教材在理论和数学基础的讲解之上，非常注重技术在实践中的应用方法和应用范围的讨论，并尽可能地使用实战案例来展示理论、技术、工具的操作过程和使用效果，让读者在学习的过程中，一直沉浸在解决实际问题的对应岗位职业状态中，从而更好地理解理论和技术原理的适用范围，更熟练地掌握工具的实用技巧和了解相关性能指标，更从容地面对实际问题并找出解决方案，完成相应的人工智能技术岗位任务和考核指标。

（2）面向岗位。本系列的教材设计具备系统性、实用性和一定的前瞻性，使用了受软件项目开发流程启发而形成的"逆向课程设计方法"，把课程当作软件产品，把教材研发当作软件研发。作者从岗位需求分析和用户能力分析、技能点设计和评测标准设计、课程体系总体架构设计、课程体系核心模块拆解、项目管理和质量控制、应用测试和迭代、产品部署和师资认证、用户反馈和迭代这 8 个环节，保证研发的教材符合岗位应用的需求，保证学习服务支持学习效果，而不仅仅是符合学科完备或学术研究的需求。

（3）适合学习。本系列的教材设计追求提高学生学习效率，对于教材来说，内容不应过分追求全面和深入，更应追求针对性和适应性；不应过分追求逻辑性，更应追求学习路径的设计和认知规律的应用。此外，教材还应更加强调教学场景的支持和学习服务的效果。

本系列教材是经过了实际教学检验的，可让教师和学生在使用过程中有更好的保障，少走弯路。本系列教材是面向具体岗位用人需求的，从而在技能和知识体系上是系统、完备的，非常便于大专院校的专业建设者参考和引用。因为人工智能技术的快速发展，尤其是深度学习和大数据技术的持续迭代，也会让部分教材内容，特别是使用的平台工具有落后的风险。所幸本系列教材的出版方也考虑到了这一点，会在教学支持平台上进行及时的内容更新，并在合适的时机进行教材本身的更新。

本系列教材的主题是以数据智能为核心的人工智能，既不包含传统的逻辑推理和知识工程，也不包含以应用为核心的智能设备和机器人工程。在数据智能领域，核心是基于统计学习方法的机器学习技术和基于人工神经网络的深度学习技术。在行业实践应用中，二者都是人工智能的核心技术，只是机器学习技术更加成熟，对数学基础知识的要求会更高一些；深度学习的发展速度比较快，在语音、图像、文字等感知领域的应用效果惊人，对数据和算力的要求比较高。在理论难度上，深度学习比机器学习简单；在应用和精通的难度上，机器学习比深度学习简单。

需要注意的是，人们往往认为人工智能对数学基础要求很高，而实际情况是：只有少数的研究和开发岗位会有一些高等数学方面的要求，但也仅限于线性代数、概率论、统计学习方法、凸函数、数值计算方法、微积分的一部分，并非全部数学领域。对于绝大多数的工程、应用和数据岗位，只需要具备简单的数学基础知识就可以胜任，数学并非核心能力要求，也不是学习上的"拦路虎"。因此，在少数学校的以人工智能研究人才为培养目标的人工智能专业教学中，会包含大量的数学理论和方法的内容，而在绝大多数以人工智能开发、工程、应用、数据人才培养的院校和专业教学中，并不需要包含大量的数学理论和方法的内容，这也是本系列教材在专业教学上的定位。

人工智能是人类在新时代最有潜力和生命力的技术之一，是国家和社会普遍支持和重点发展的产业，是人才积累少而人才需求大、职业发展和就业前景非常好的一个技术领域。可以与人工智能技术崛起媲美的可能只有 40 年前的计算机行业的崛起，以及 20 年前的互联网行业的崛起。我真心祝愿各位读者能够在本系列教材的帮助下，抓住技术升级的机遇，进入人工智能技术领域，成为职业赢家。

北大青鸟研究院院长　肖睿
于北大燕北园

前　言

随着信息技术的迅猛发展，人们可以从互联网中获取越来越多的数据信息，对这些信息进行二次加工、处理、分析，可以得到更有价值的数据，因此数据采集与分析就显得十分重要。通过数据采集与分析，我们可以发现数据内在规律，使企业实现精准营销或辅助企业制订发展决策。

本书将带领读者深入了解数据采集的过程以及如何分析数据并实现可视化。学习本书应该具备使用 Python 语言编程的基本能力，读者如果在学习过程中遇到问题，可以随时访问课工场官网获得帮助或者上网查找资料。

本书各章的主要内容如下。

第 1 章主题是互联网信息采集。带领读者了解数据采集的意义以及基本概念，利用 Python 工具库采集简单数据。本章会讲解大量数据分析方面的理论和术语，目的是帮助读者快速了解课程概貌。本章提到的内容，后续章节中大多都会有详细的介绍。

第 2 章主题是 Scrapy 采集框架。讲解 Scrapy 框架的整体架构以及如何创建并启动 Scrapy 爬虫项目。对于已经掌握 Scrapy 基础知识的读者，本章内容可以简单学习或跳过。

第 3 章主题是 Scrapy 采集框架进阶。详细讲解 Scrapy 的实际应用知识，并通过实训案例帮助读者理解并掌握 Scrapy 理论知识。

通过第 2 章、第 3 章的学习，读者应掌握如何通过 Scrapy 开展数据采集工作。

第 4 章主题是使用 "Selenium + ChromeDriver" 采集动态页面。讲解利用 Selenium 工具和 ChromeDriver 采集动态页面，通过实训案例将 Selenium 工具和 ChromeDriver 的理论知识与实际应用有效结合。

第 5 章主题是 App 数据采集。讲解利用 Charles 工具监听 App 并采集 App 与服务端传输的数据，结合实训案例帮助读者更好地理解此过程。

第 6 章主题是使用 Python 进行数据分析。介绍数据分析的方法，通过方差分析、回归分析、判别分析和聚类分析对采集到的数据进一步加工，提取有价值的信息。

第 7 章主题是 Matplotlib 数据可视化。介绍如何使用 Matplotlib 工具进行数据可视化。Matplotlib 工具是数据可视化的基础工具，读者可通过绘制不同的图形了解通过 Matplotlib 实现数据可视化的过程。

第 8 章主题是 PyEcharts 数据可视化。介绍如何使用 PyEcharts 工具进行数据可视化。PyEcharts 易于上手，且绘制出的图形美观。本章通过用 PyEcharts 绘制不同的图形来介绍其实现数据可视化的过程。

第 9 章主题是 Bokeh 数据可视化。介绍如何使用 Bokeh 工具进行数据可视化。Bokeh 是一款针对浏览器中图形演示的交互式可视化 Python 库。本章通过用 Bokeh 绘制不同的图形来介绍其实现数据可视化的过程。

第 7 章～第 9 章通过 3 种工具介绍数据可视化的内容，3 种工具各有优、缺点，读者可以自行选择一种或几种开展日常的数据可视化工作。

第 10 章主题是项目实战——房多多网站数据获取与可视化。通过介绍一个完整的实战项目，将数据采集、数据分析和数据可视化三方面的知识融合，帮助读者系统地学习数据处理的整个流程，增加实践体验。

本书由北大青鸟文教集团研究院人工智能开发教研团队组织编写。尽管编者在写作过程中力求准确、完善，但鉴于水平所限，书中难免会有疏漏之处，殷切希望广大读者批评指正。

本书资源下载

读者可以通过访问人邮教育社区（http://www.ryjiaoyu.com）下载本书的配套资源（电子资源），如实训案例代码及习题参考答案等。也可以添加读者服务 QQ（1934786863）来获取相关资料。

读者服务**QQ**

目　录

第 1 章

互联网信息采集

技能目标

➢ 理解数据采集背景、原理、目的及基本步骤

➢ 理解数据采集基本术语的概念

➢ 运用 Python 工具库进行网络爬取

本章任务

学习本章，读者需要完成以下 3 个任务。读者在学习本书过程中遇到的问题，可以访问课工场官网解决。

任务 1.1   了解数据采集基础知识

了解数据采集的背景、原理、目的及基本步骤，为实现数据采集奠定理论基础。了解企业通过数据采集技术辅助企业高层决策的意义。

任务 1.2   理解数据采集基本术语的概念

理解 HTTP、HTTPS、URL、HTML 等数据采集基本术语及其概念。

任务 1.3   使用 Python 工具库实现数据采集

运用 Python 工具库 urllib3 和 Requests 实现数据采集。

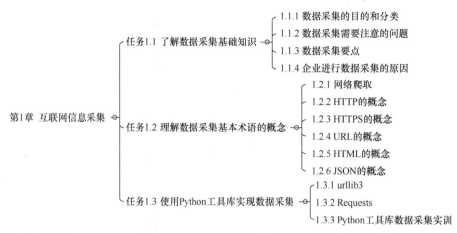

近年来，信息技术蓬勃发展，人们从互联网中获取大量的数据信息，对这些信息进行二次加工、处理、分析，可以得到更有价值的数据。而从互联网上爬取数据，是对信息进行二次加工前必不可少的一项工作。本章将主要介绍数据爬取的背景，以及其所涉及的基本术语，并运用 Python 工具库 urllib3 和 Requests 实现数据采集。

任务 1.1 了解数据采集基础知识

【任务描述】

了解数据采集的背景、原理、目的及基本步骤，为实现数据采集奠定理论基础。了解企业通过数据采集技术辅助企业高层决策的意义。

【关键步骤】

（1）理解进行数据采集的目的和分类。

（2）理解数据采集需要注意的问题。

（3）理解数据采集要点。

（4）了解企业进行数据采集的原因。

1.1.1 数据采集的目的和分类

数据采集的目的是什么？就是获取有价值且可靠的信息，根据该信息做出合适的决策。确切地讲，没有绝对正确的决策，只有利用即时数据做出的恰当的决策。这就需要我们根据实际情况采集真实数据，并且运用恰当的分析方法从中提炼出有价值、可靠的信息，这也说明了掌握统计分析学的重要性，否则采集到的数据将无法为决策提供数据支撑。

数据采集大致可分为两类。

➢ 一类为事先建立模型，根据实际需求采集数据。譬如回归分析、比较分析、控制图、测量系统分析、试验设计（design of experiments，DOE）等。

➤　另一类是事先暂时没有实际需求，试图从源数据中分析出有价值的信息。通常情况下采用探索性数据分析（exploratory data analysis，EDA）方法，现在流行的大数据等的数据采集属于这一类。

1.1.2　数据采集需要注意的问题

1．数据采集计划

详细、周全的数据采集计划能让我们少走许多弯路，提高效率、控制成本。尤其像 DOE 这样相对复杂的数据采集，更需要我们谨慎、仔细地计划。

2．确认数据来源

在实施数据采集项目的过程中，经常会遇到项目中列出的数据没有交代时间、地点、方法、条件等必要信息的情况，让人"摸不着头脑"，对数据的真实性、时效性、覆盖性无法做出判断。建议在数据采集之前，完善数据采集说明文档，主要包含时间、地点、工具、方法、条件、参数、当事人等信息。

3．做好数据存储

在实施数据采集项目的过程中，很可能会遇到因服务器宕机等无法还原缓存数据的情况；还可能会遇到由于系统数据无法长期存储，从而无法获取历史数据的情况。对于上述两种情况，建议做好数据备份，建立数据仓库或数据分析模型，将分析结论保存下来，以便用于后续数据追溯做趋势分析。

1.1.3　数据采集要点

1．全面性

数据量充足，具有分析价值；数据面广泛，可以满足分析需求。

2．多维性

数据的重要作用是能描述分析需求，因此应灵活地自定义数据的多种属性和不同类型，从而满足不同的分析目标。

3．高效性

要实现技术执行的高效性、团队内部成员协同的高效性以及数据分析需求和目标实现的高效性。

4．时效性

要提高数据采集的时效性，从而提高后续数据应用的时效性。

1.1.4　企业进行数据采集的原因

数据采集能够帮助企业实现精准营销，不仅能显著增大信息量，提升信息利用率，还能极大地降低企业运营成本，提升产品销售的转化率。根据通过数据采集得到的用户数据，企业可以进一步分析确定营销策略的依据，并且通过采集每个用户的实时数据，来了解每一个用户的实时状态，从而确定相关的营销策略。

任务 1.2 理解数据采集基本术语的概念

【任务描述】

理解 HTTP、HTTPS、URL、HTML 等数据采集基本术语及其概念。

【关键步骤】

（1）了解网络爬取。

（2）理解 HTTP。

（3）理解 HTTPS。

（4）理解 URL。

（5）理解 HTML。

（6）理解 JSON。

1.2.1 网络爬取

网络爬取（也称网络数据采集、网络数据提取、网络数据挖掘），可以定义为：构建一个代理，以自动化的方式从网络下载、解析和组织数据。换句话说，用户把网络浏览器中感兴趣的部分复制、粘贴到电子表格中的工作，可以通过网络爬取程序实现，并且该程序的执行比人类的速度更快、更准确。

1.2.2 HTTP 的概念

1. HTTP 简介

网络信息交换过程中的核心组件包括超文本传输协议（hypertext transfer protocol，HTTP）。由于所有的网络爬取都将建立在 HTTP 之上，因此需要仔细研究 HTTP 消息的本质。

HTTP 是较简单的基于文本的协议，它使消息至少对最终用户可读（与根本没有文本结构的原始二进制消息相比），并遵循简单的基于请求—响应的通信方案。也就是说，连接网络服务器并接收简单的响应只需要两个 HTTP 消息：一个请求和一个响应。如果想要通过浏览器下载或获取更多资源，只需要发送额外的请求、响应信息。

2. HTTP 工作原理

HTTP 定义 Web 客户端如何从 Web 服务器请求 Web 页面，以及服务器如何把 Web 页面传送给客户端。HTTP 采用了请求/响应模型。客户端向服务器发送一个请求报文，请求报文包含请求的方法、统一资源定位符（uniform resource locator，URL）、协议版本、请求头部和请求数据。服务器接收请求，并做出响应。响应的内容包括协议的版本、成功或者错误的代码、服务器信息、响应头部和响应数据。

浏览器（客户端）发起 HTTP 请求和服务器响应的步骤如图 1.1 所示，具体内容如下。

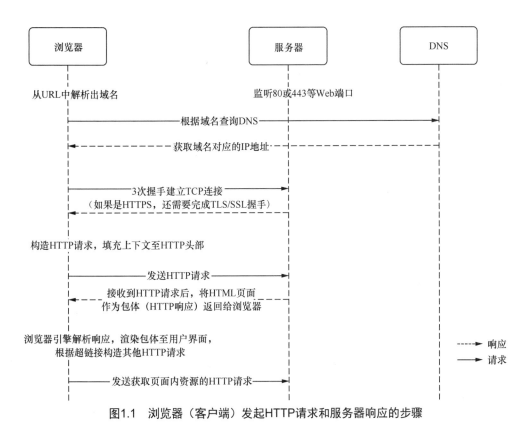

图1.1　浏览器（客户端）发起HTTP请求和服务器响应的步骤

（1）服务器监听 80 或 443 等 Web 端口，浏览器从 URL 中解析出域名。

（2）浏览器根据域名查询域名系统（domain name system，DNS）从而获取目标服务器的 IP 地址。

（3）通过查询到的 IP 地址与服务器建立 TCP 连接，如果是超文本传输安全协议（hypertext transfer protocol secure，HTTPS）还需要完成 TLS/SSL 握手。

（4）构造 HTTP 请求，在这个过程中填充上下文至 HTTP 头部。

（5）浏览器发送 HTTP 请求，服务器收到 HTTP 请求后将超文本标记语言（hypertext markup language，HTML）页面作为包体返回给浏览器。

（6）浏览器引擎解析响应，渲染包体至用户界面，并根据超链接构造其他 HTTP 请求。

3．HTTP 请求方法

HTTP/1.1 中共定义了 8 种方法（也叫"动作"），以不同方式操作指定的资源，这 8 种方法分别是 GET、POST、HEAD、PUT、DELETE、CONNECT、OPTIONS 以及 TRACE 方法，其中常用的是 GET 和 POST 方法。本书主要针对 GET 方法和 POST 方法介绍数据的采集，下面将介绍 GET、POST 两种方法的主要区别。

（1）作用

GET 的作用是从服务端获取数据；而 POST 用于向服务端提交数据。例如在品牌网上看到一个心仪的物品，想将其分享给他人，直接复制 URL 给他人，其他人通过 URL

打开网页就可以看到此物品，这时就发送了一个 GET 请求。如果被分享的人觉得此物品不错，自己也想买，那他需要先登录自己的品牌网账号然后下单。登录品牌网账号就是发送一个 POST 请求，需要将账号、密码提交到服务端。

（2）参数

GET 传递的参数在 URL 里，对长度有限制，以"?"分割 URL 和传输数据，参数之间以"&"相连，例如：

https://baidu.com/news/data/landingsuper?context=%7B%22news_90%22%7D&n_type=0&p_from=1

而 POST 传递的参数在请求体里，对长度没有限制（可以参考图 1.4 所示的 POST 请求报文示例）。

（3）安全性

由于 GET 传递的参数在 URL 里，所以 GET 请求和 POST 请求不够安全，因为信息都暴露在浏览器的地址栏中。除此之外，GET 请求会被浏览器主动缓存，这样其他用户可以通过查看浏览器的浏览记录获取私人信息，而 POST 请求不会被浏览器主动缓存，因此安全性更高。

（4）请求方式

在发送 GET 请求时，浏览器会把 HTTP 头部和数据一起发送出去，服务器响应；而在发送 POST 请求时，浏览器会先发送 HTTP 头部，等待服务器响应，然后浏览器再发送数据，服务器响应。即 GET 产生一个 TCP 数据包，而 POST 产生两个 TCP 数据包。但是并不是所有浏览器都会在发送 POST 请求时发送两次数据包，Firefox 浏览器就只发送一次。

4. HTTP 请求报文及 HTTP 响应报文的组成

（1）HTTP 请求报文

HTTP 请求报文由 4 个部分组成，分别是请求行、请求头部、空行和请求体。其中空行的作用是进行分隔，它是必不可少的。HTTP 请求报文结构如图 1.2 所示。

请求方法	空格	统一资源定位符	空格	HTTP版本	回车 CR	换行 LF	请求行
头部字段名1	:	值	回车 CR	换行 LF			
头部字段名2	:	值	回车 CR	换行 LF			请求头部
······							
头部字段名n	:	值	回车 CR	换行 LF			
回车 CR	换行 LF						空行
······							请求体

图1.2　HTTP请求报文结构

GET 请求报文示例如图 1.3 所示，POST 请求报文示例如图 1.4 所示。

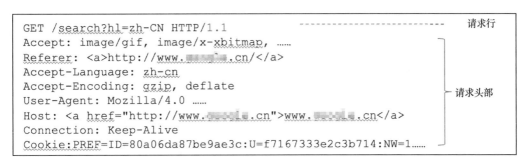

```
GET /search?hl=zh-CN HTTP/1.1                        请求行
Accept: image/gif, image/x-xbitmap, ……               ┐
Referer: <a>http://www.[illegible].cn/</a>            │
Accept-Language: zh-cn                                │
Accept-Encoding: gzip, deflate                        │
User-Agent: Mozilla/4.0 ……                            ├ 请求头部
Host: <a href="http://www.[illegible].cn">www.[illegible].cn</a>
Connection: Keep-Alive                                │
Cookie:PREF=ID=80a06da87be9ae3c:U=f7167333e2c3b714:NW=1……┘
```

图1.3　GET请求报文示例

```
POST /search?hl=zh-CN HTTP/1.1                       请求行
Accept: image/gif, image/x-xbitmap, ……               ┐
Referer: <a>http://www.[illegible].cn/</a>            │
Accept-Language: zh-cn                                │
Accept-Encoding: gzip, deflate                        │
User-Agent: Mozilla/4.0 ……                            ├ 请求头部
Host: <a href="http://www.[illegible].cn">www.[illegible].cn</a >
Connection: Keep-Alive                                │
Cookie: PREF=ID=80a06da87be9ae3c:U=f7167333e2c3b714:NW=1……┘
                                                     空行
hl=zh-CN&source=hp&q=domety                          请求体
```

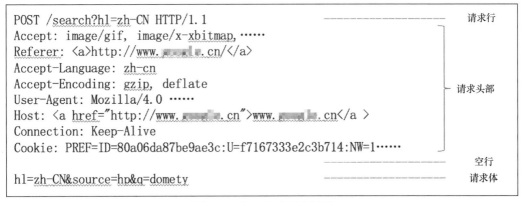

图1.4　POST请求报文示例

（2）HTTP 响应报文

客户端向服务器发送请求，服务器接收并处理客户端发过来的请求后，正常情况下会返回一个 HTTP 的响应消息，这就是响应报文。

HTTP 响应报文由 4 个部分组成，分别是状态行、响应头部、空行和响应体。形式上除了状态行之外，其他 3 个部分与 HTTP 请求报文类似。HTTP 响应报文结构如图 1.5 所示。

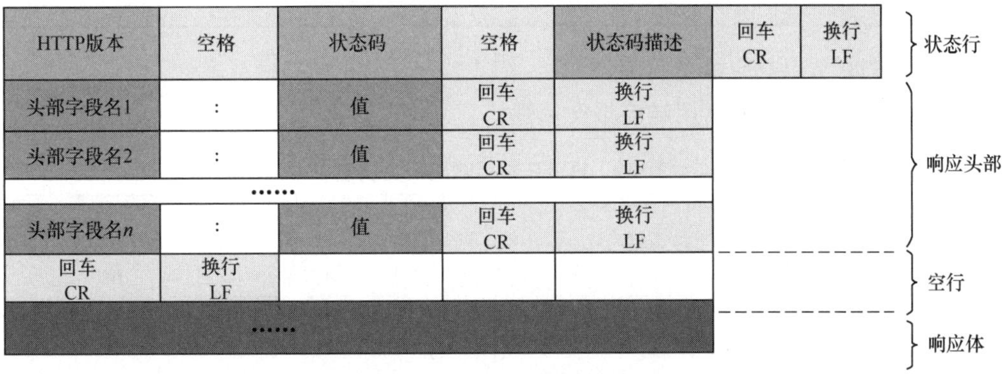

HTTP版本
空格
状态码
空格
状态码描述
回车 CR
换行 LF
状态行
头部字段名1
:
值
回车 CR
换行 LF
头部字段名2
:
值
回车 CR
换行 LF
……
头部字段名n
:
值
回车 CR
换行 LF
响应头部
回车 CR
换行 LF
空行
……
响应体

图1.5　HTTP响应报文结构

HTTP 响应报文示例如图 1.6 所示。

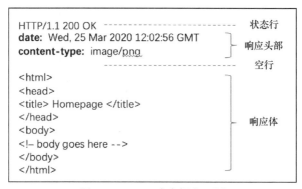

图1.6 HTTP 响应报文示例

5．HTTP 常用报文属性

（1）HTTP 常用请求报文属性

表 1.1 所示为 HTTP 常用请求报文属性。

表 1.1　HTTP 常用请求报文属性

属性	描述
Host	接收请求的服务器地址，可以是 IP 地址:端口号，也可以是域名
User-Agent	发送请求的应用程序名称
Connection	指定连接的相关属性
Accept-Charset	通知服务器的编码格式
Accept-Encoding	通知服务端发送数据的编码压缩格式
Accept-Language	通知服务端可以发送的语言
Accept	告诉服务端和客户端应该接收什么类型，如 text/plain
Cookie	客户端通过 Cookie 将信息传递给服务端
Referer	请求的来源
Cache-Control	对缓存进行控制，设置是否在客户端缓存，如 no-cache

（2）HTTP 常用响应报文属性

表 1.2 所示为 HTTP 常用响应报文属性。

表 1.2　HTTP 常用响应报文属性

属性	描述
Accept-Ranges	表示服务器是否支持指定范围的请求。例如 bytes，表示支持字节请求
Access-Control-Allow-Origin	在服务器响应客户端请求的时候，如果设置为*，则允许所有域名的脚本访问该资源
Cache-Control	告诉所有的缓存机制是否可以缓存，以及已经缓存的类型，如 no-cache
Content-Length	响应体的长度，Web 服务器返回消息正文的长度

续表

属性	描述
Content-Type	返回内容的多用途互联网邮件扩展（multipurpose Internet mail extensions，MIME）类型，如 text/html;charset=utf-8
Server	Web 服务器软件名称
Set-Cookie	服务器返回给客户端的 Cookie 信息，用于客户端下次发送请求时验证身份

6. 使用浏览器开发者工具查看 HTTP 报文信息

数据采集过程中，提取数据是非常重要的一步。我们可以通过 HTML 结构来分析页面元素并进行提取，也可以通过正则表达式提取对应数据。分析 HTML 结构需要用到浏览器开发者工具。

使用浏览器开发者工具可以详细地查看页面布局、请求、响应数据，是数据采集应用中非常实用的工具，也是常用工具。下面以 Chrome 浏览器中的开发者工具进行讲解。

打开一个网页，按 F12 快捷键，打开开发者工具，如图 1.7 所示。

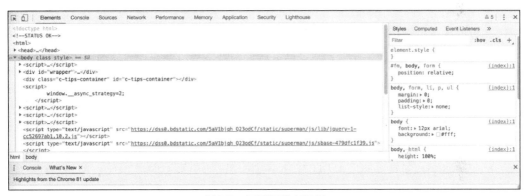

图1.7　打开开发者工具

从图 1.7 可以看到，开发者工具主页面分为工具栏与信息展示栏两部分。常用工具功能讲解如下。

（1）Elements 面板

Elements 面板可用于查找网页的源代码中的节点；可用于实时编辑标签属性，选中的文档对象模型（document object model，DOM）会在页面中显示标签名和 margin、padding、width、height 等属性；也可用于修改页面中的样式属性，且能在浏览器中实时得到反馈，调试前端代码非常方便。

（2）Console 面板

Console 面板可以用于记录开发过程中的日志（Log）信息，也可以作为与 JavaScript 交互的命令行 Shell（执行 JavaScript 代码），还可以用于数学运算。

（3）Sources 面板

Sources 面板可以用于设置断点调试，如果当前代码经过压缩，则可以单击下方的花括号{}来增强可读性。

（4）Network 面板

通过 Network 面板可以看到页面向服务器请求了哪些资源、资源的大小、加载资源花费的时间以及哪些资源加载失败；此外，还可以查看 HTTP 的请求头部、返回内容（请求、响应、入参、出参）等。

（5）Performance 面板

Performance 面板的作用就是记录与分析应用程序运行过程中所产生的活动，其更多地用在性能优化方面。

（6）Memory 面板

Memory 面板能实现堆栈快照、JavaScript 函数内存分配、隔离内存泄漏。

（7）Application 面板

Application 面板用于记录网站加载的所有资源信息，包括存储数据（Local Storage、Session Storage、IndexedDB、Web SQL、Cookies）、缓存数据、字体、图片、脚本、样式表等。

（8）Security 面板

Security 面板可以用于调试网页安全和认证等内容，确保网站实现 HTTPS（判断网页安全性）。

在数据采集过程中，Network 面板是分析页面结构、获取 HTTP 请求数据的关键。通过单击 Name 列表中的某个资源，可以查看该资源的详细信息，选择的资源类型不同，显示的信息也不太一样，可能包括如下信息。

➤ headers：该资源的 HTTP 头部信息。

➤ preview：根据所选择的资源类型（JSON、图片、文本）显示相应的预览信息。

➤ response：显示资源的 HTTP 响应信息。

➤ Cookies：显示资源的 HTTP 请求和响应过程中的 Cookies 信息。

➤ timing：显示资源在整个请求生命周期过程中各部分花费的时间。

1.2.3　HTTPS 的概念

HTTPS 是指在 HTTP 的基础上建立安全套接字层（secure sockets layer，SSL）加密层，并对传输数据进行加密，是 HTTP 的安全版。

现在它被广泛应用于互联网上对安全敏感的通信方面，例如交易支付方面。

HTTPS 的主要作用是：

➤ 对数据进行加密，并建立信息安全通道，来保证传输过程中的数据安全；

➤ 对网站服务器进行真实身份认证。

我们经常会在 Web 的登录页面和购物结算界面等使用 HTTPS 通信。使用 HTTPS 通信时，不再用"http://"，而是改用"https://"。另外，当浏览器访问 HTTPS 通信有效的 Web 网站时，浏览器的地址栏内会出现一个带锁的标记。对 HTTPS 的显示方式会因浏览器的不同而有所改变。

HTTP 是明文传输协议，HTTPS 是由"SSL+HTTP"构建的可进行加密传输、身份认证的网络协议，比 HTTP 安全。HTTP 与 HTTPS 如图 1.8 所示。

图1.8　HTTP与HTTPS

关于安全性，用简单的比喻形容 HTTP 与 HTTPS 两者的关系就是卡车运货，HTTP 下的运货卡车是敞篷的，货物都是暴露的，而 HTTPS 下的则是封闭集装箱卡车，安全性自然提升不少。HTTP 与 HTTPS 的区别总结如下。

➢　HTTPS 比 HTTP 更安全；对搜索引擎更友好；几大搜索引擎通常优先索引 HTTPS 网页。

➢　HTTPS 需要用到 SSL 证书，而 HTTP 不用。

➢　HTTPS 标准端口为 443 端口，HTTP 标准端口为 80 端口。

➢　HTTPS 基于传输层，HTTP 基于应用层。

➢　HTTPS 会在浏览器中显示绿色安全锁，HTTP 不显示。

1.2.4　URL 的概念

URL 是通过描述资源的位置来标识资源的。

1. URL 的组成

以人民法院公告网站的网址为例来说明 URL 的组成，如下为人民法院公告网站的网址：https://⬛⬛⬛⬛⬛⬛⬛⬛⬛/web/rmfyportal/noticeinfo。

➢　协议（http）：协议可以告知浏览器客户端怎样访问资源，这里的 URL 说明应使用 HTTP，也可以是其他协议，如 HTTPS、FTP、RTSP、SMTP 等。

➢　主机名：又叫域名，域名对应一个 IP 地址，这部分告知 Web 客户端资源位于何处。

➢　路径（web/rmfyportal/noticeinfo）：资源路径说明请求的是服务器上哪个特定的本地资源。

2. URL 语法剖析

URL 语法格式如下。

```
<scheme>://<user>:<password>@<host>:<port>/<path>;<params>?<query>#<frag>
```

➢　协议（scheme）：访问服务器获取资源时要使用哪种协议。

➢　用户（user）：使用某些方案访问资源时需要通过用户名和密码来认证，如安全文件传输协议（secure file transfer protocol，SFTP），默认值是匿名用户。

➢　密码（password）：用户名后面可能要包含的密码，中间由冒号分隔。

➢　主机（host）：资源宿主服务器的主机名或点分 IP 地址。

➢　端口（port）：资源宿主服务器正在监听的端口号，每个方案都有默认的端口号，如 HTTP 的默认端口号为 80。

➤ 路径（path）：服务器上资源的本地名，由一个斜线将其与前面的 URL 组件分隔开。

➤ 参数（params）：参数为应用程序提供访问资源所需的所有附加信息（如 type=d 表示访问的资源是目录），参数为键值（Key/Value）对，URL 中可以包含多个参数，用分号分隔。

➤ 查询（query）：用来查询某类资源，用问号将其与其他组件分隔开，如果有多个查询，则用&隔开，如 http://search.▨▨▨▨.com/?key=%D0%A1&act=input。

➤ 片段（frag）：对一个包含章节的大型文本文档来说，资源的 URL 会指向整个文本文档，但是可以根据片段来显示我们感兴趣的章节，片段表示一小片或一部分资源的名字，用"#"将其与其他组件分隔开。

1.2.5 HTML 的概念

HTML 即超文本标记语言，是一种用来制作超文本文档的简单标记语言。使用 HTML 编写的超文本文档称为 HTML 文档。之所以叫超文本文档，是因为它不仅可以加入文字，还可以加入链接、图片、声音、动画等内容。标记语言是指在纯文本文件中包含 HTML 指令代码，这些指令只是一种排版网页中资料的显示位置的标记结构语言，易学易懂，非常简单。

1. 使用 Chrome 浏览器查看、修改 HTML 页面

使用 Chrome 浏览器开发者工具的 Elements 面板可便捷地查看通过动态方式加载的数据。Elements 面板的功能如下。

➤ 用于在页面上选择一个元素，并且查看该元素。

➤ 模拟设备之间的切换，主要是 PC/移动端（包括手机、平板电脑）。

➤ HTML 元素结构显示及实时编辑。

➤ 当前选中元素的所在位置。

➤ 显示当前选中元素的样式。

➤ 显示当前选中元素的盒模型，进行样式属性计算。

➤ 显示当前选中元素上所绑定的事件。

➤ 显示 DOM 断点列表。

使用 Chrome 浏览器查看 HTML 代码结构示例，如图 1.9 所示。

图1.9 HTML代码结构示例

2．常用的 HTML 元素

表 1.3 所示为常用的 HTML 元素。

表 1.3　常用的 HTML 元素

块级元素	描述	行内元素	描述
div	常用的块级元素	span	常用的行内元素，定义文本内区块
h1～h6	主标题、二级子标题……	a	锚点、超链接
hr	水平分割线	b	文字内容加粗
menu	菜单列表	strong	文字内容加粗强调
ol	有序列表	i	文字内容斜体
ul	无序列表	em	文字内容斜体强调
li	列表项	br	强制换行
dl	定义列表	input	文本输入框
table	表格	textarea	多行文本输入框
p	段落	img	导入图片
form	交互表单	select	下拉列表

1.2.6　JSON 的概念

JSON（JavaScript object notation）是一种轻量级的数据交换格式。它是基于 ECMAScript 的一个子集。JSON 采用完全独立于语言的文本格式，但是也使用了类似于 C 语言家族（包括 C、C++、C#、Java、JavaScript、Perl、Python 等）的习惯。这些特性使得 JSON 成为理想的数据交换格式，易于阅读和编写代码，同时也易于机器解析和生成代码，并能有效地提高网络传输速率。

1．JSON 数据类型

在 JSON 中，值必须是以下数据类型之一。

➢ 字符串。

➢ 数字。

➢ 对象（JSON 对象）。

➢ 数组。

➢ 布尔值。

➢ 空值。

2．JSON 数据结构

简单来说，JSON 就是 JavaScript 中的对象和数组，通过这两种结构可以表示各种复杂的结构。

➢ 对象：对象在 JavaScript 中表示为用"{}"标识的内容，数据结构为{key:value, key:value,…}形式的键值对的结构。在面向对象的语言中，key 为对象的属性，value 为对应的属性值，所以很容易理解，取值方法为用"对象.key"获取属性值，这个属性值的类型可以是数字、字符串、数组、对象等。

➤ 数组：数组在 JavaScript 中表示为用 "[]" 标识的内容，数据结构为["java","javascript", "vb",…]，取值方法和某些语言中的一样，使用索引获取，字段值的类型可以是数字、字符串、数组、对象等。

3. 对象数据结构示例

```
var obj=
{
    "key1":"value1",
    "key2":"value2",
    "key3":"value3",
    "key4":"value4",
    ......
    }
```

4. 数组数据结构示例

```
var arrayList=
[
    {
        "key1":"value1",
        "key2":"value2"
    },
    {
        "key3":"value3",
        "key4":"value4"
    },
    {
        "key5":"value5",
        "key6":"value6"
    },
    ......
]
```

任务 1.3 使用 Python 工具库实现数据采集

【任务描述】

运用 urllib3 和 Requests 实现数据采集。

【关键步骤】

（1）了解 urllib3。

（2）了解 Requests。

（3）运用 Python 工具库实现数据采集。

1.3.1 urllib3

urllib3 是 Python 用于访问网页的第三方库，其功能强大，属于 urllib 的升级版，包含很多之前版本没有的特性，具体如下。

➢ 保证线程安全。

➢ 支持连接池。

➢ 客户端 SSL/TLS 验证。

➢ 分段编码上传文件。

➢ 重试请求和协助处理 HTTP 重定向。

➢ 支持 gzip 和 deflate 编码。

➢ 支持对 HTTP 和 SOCKS（protocol for sessions traversal across firewall securely，防火墙安全会话转换协议）的代理。

➢ 100%的测试覆盖率。

1. 安装

在 Windows 的 cmd 环境下，可以通过 pip 安装 urllib3。

```
pip install urllib3
```

或者通过 GitHub 获取最新代码，然后通过 setup.py 安装 urllib3。

```
>>> git clone git://        .com/urllib3/urllib3.git
>>> python setup.py install
```

2. 访问网页

urllib3 主要通过连接池发送网页请求，因此在访问网页之前需要先创建连接池对象。一般访问网页可以通过 GET/POST/PUT 等方法，下面利用一个 GET 请求简单看一下 urllib3 如何进行网页访问。

```
#导入 urllib3
>>> import urllib3
#创建 PoolManager 对象
>>> http=urllib3.PoolManager()
# GET 请求访问百度网页，返回 HTTPResponse 对象
>>> response=http.request("GET", "http://www.baidu.com")
#查看 HTTPResponse 的状态，返回状态码
>>> response.status 200
#查看 HTTPResponse 的内容
>>> response.data
b'<!DOCTYPE html><!--STATUS OK--><html><head><meta http-equiv="Content-Type"
content="text/html;charset=utf-8">…'
#查看 HTTPResponse 的头部信息
>>> response.headers
```

如图 1.10 所示为使用 urllib3 访问网页的代码。

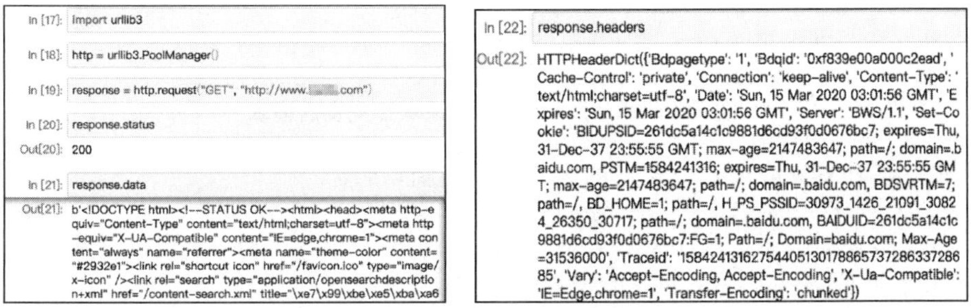

图1.10　使用urllib3访问网页的代码

3．重要设置

（1）设置头部（Headers）

可以通过定义字典（Dict）设置 Headers。

```
>>> headers={'X-key': 'value'}
>>> resp=http.request('GET', 'http://www.baidu.com', headers=headers)
```

（2）设置 URL 参数

➢ GET 请求。

可以通过设置 fields 参数设置 URL 参数。

```
>>> fields={"key": "value"}
>>> r=http.request('GET', 'http://www.baidu.com', fields=fields)
```

以上代码的样式相当于在 Postman 中的样式，Postman 中的 GET 请求如图 1.11 所示。Postman 是发送网页 HTTP 请求的工具，可以方便、直观地发送 HTTP 请求，并查看返回内容。

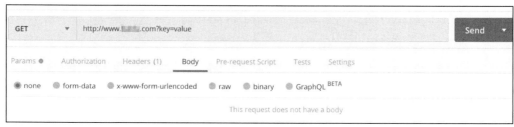

图1.11　Postman中的GET请求

➢ POST 请求。

如果按照 GET 请求的方式设置，那么 fields 会被当作请求正文发送。

```
>>> fields={"key": "value"}
>>> r=http.request('POST', 'http://www.baidu.com', fields=fields)
```

以上代码的样式相当于在 Postman 中的样式，Postman 中 POST 请求正文发送请求如图 1.12 所示。

图1.12　Postman中POST请求正文发送请求

因此，在 POST 请求中设置 URL 参数需要自行拼接。

```
>>> from urllib.parse import urlencode
>>> url_param=urlencode({'key': 'value'})
>>> url='http://www.baidu.com?' + url_param
>>> r=http.request('POST', url)
```

图 1.13 所示为通过 POST 请求的 URL 参数访问网页的代码。

```
In [25]:  from urllib.parse import urlencode
In [26]:  url_param= urlencode({'key': 'value'})
In [27]:  url_param
Out[27]:  'key=value'
In [28]:  url = 'http://www.■■■.com?' + url_param
In [29]:  url
Out[29]:  'http://www.■■■.com?key=value'
In [30]:  r = http.request('POST', url)
```

图1.13　通过POST请求的URL参数访问网页的代码

以上代码的样式相当于在 Postman 中的样式，Postman 中通过 POST 请求的 URL 参数访问网页如图 1.14 所示。

图1.14　Postman中通过POST请求的URL参数访问网页

（3）设置代理

由于很多网站都会检测某一时间段内某个 IP 地址的访问次数，如果访问次数过多，网站会禁止这个 IP 地址的访问。因此需要设置一些代理服务器，不断变化 IP 地址，这样即使当前 IP 地址被禁止访问，还可以换其他的 IP 地址继续访问。

urllib3 中利用 ProxyManager 实现代理的设置，以代理服务器 50.233.137.33:80 为例设置代理。

```
>>> import urllib3
>>> proxyM=urllib3.ProxyManager("http://50.233.137.33:80", headers={'connection':
'keep-alive'})
>>> resp=proxyM.request('get', 'http://www.baidu.com')
```

（4）设置超时 timeout

➤　timeout 可以控制请求的运行时间，timeout 以秒为单位。

```
>>> import urllib3
>>> http=urllib3.PoolManager()
>>> http.request('GET', 'http://www.baidu.com', timeout=4.0)
```

图 1.15 所示为设置超时的代码。

➤　连接超时和读超时分开设置。

```
>>>http.request('GET','http://www.baidu.com', timeout=urllib3.Timeout(connect=
1.0, read=2.0))
```

图1.15　设置超时的代码

➢ 所有 Request 都遵循统一的 timeout。

这时需要在 PoolManager 中设置 timeout。但是，当 Request 中再次定义 timeout 时，PoolManager 中设置的 timeout 就会失效。

```
>>> http=urllib3.PoolManager(timeout=urllib3.Timeout(connect=1.0, read=2.0))
```

（5）设置请求重试次数与重定向

如果访问失败，urllib3 默认自动重试 3 次请求，并且 3 次都改变方向。下面对请求重试和重定向举例说明。其中 URL 重定向也称为 URL 转发，是指服务器通知浏览器从当前 URL 跳转到其他 URL 上。

➢ 重试 5 次。

```
>>> http.request('GET', 'http://www.baidu.com', retries=5)
```

➢ 关闭重试及重定向。

```
>>> http.request('GET', 'http://www.baidu.com', retries=False)
```

➢ 只关闭重定向，保持重试。

```
>>> http.request('GET', 'http://www.baidu.com', redirect=False)
```

1.3.2　Requests

Requests 是 Python 的第三方库，同样用于访问网页，但是它比 urllib3 更强大、更人性化，且使用起来更简便。

1. 安装

在 Windows 的 cmd 环境下，可以通过 pip 安装 Requests。

```
pip install requests
```

或者通过 GitHub 获取最新代码，然后通过 setup.py 安装 Requests。

```
>>> git clone git://        .com/psf/requests.git
>>> python setup.py install
```

2. 访问网页

使用 Requests 访问网页十分简单、方便。

```
#导入 Requests 库
>>> import requests
>>> r=requests.get("http://www.baidu.com")
>>> r.status_code
#查看返回内容
>>> r.text
```

图 1.16 所示为使用 Requests 访问网页的代码。

图1.16　使用Requests访问网页的代码

3．Response 响应属性

访问网页后得到的结果 Response，可以通过表 1.4 查询响应属性。

表 1.4　常用的 Response 响应属性

属性	描述
response.text	获取 string 类型（Unicode 编码）的响应
response.content	获取 bytes 类型的响应
response.status_code	获取响应状态码
response.headers	获取响应头部
response.request	获取响应对应的请求

4．重要设置

（1）设置 Headers

与 urllib3 一样，可以通过定义字典设置 Headers。

```
>>> headers={'X-key': 'value'}
>>> resp=requests.get('http://www.baidu.com', headers=headers)
```

（2）带参数的 GET 请求

```
>>> r=requests.get("http://www.baidu.com",params={'key1':'value1','key2':'value2'})
>>> r.url
'http://www.baidu.com/?key1=value1&key2=value2'
#检测编码
>>> r.encoding 'utf-8'
```

图 1.17 所示为 Requests 的 GET 请求的代码。

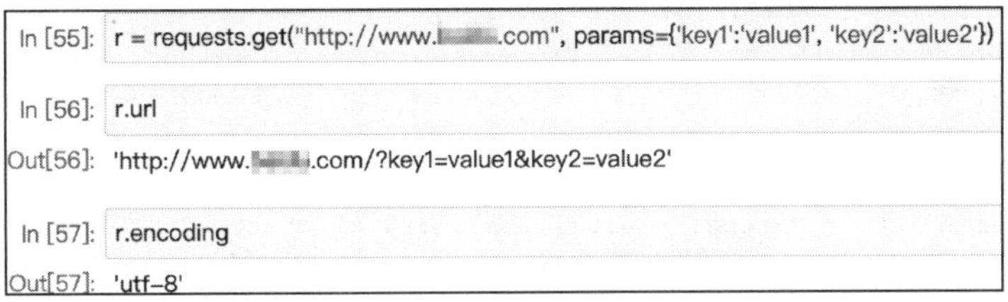

```
In [55]:  r = requests.get("http://www.█████.com", params={'key1':'value1', 'key2':'value2'})

In [56]:  r.url

Out[56]:  'http://www.█████.com/?key1=value1&key2=value2'

In [57]:  r.encoding

Out[57]:  'utf-8'
```

图1.17　Requests的GET请求的代码

（3）带交互内容的 POST 请求

➤　以 application/x-www-form-urlencoded 形式上传数据。

将请求内容放入 data 中。

```
>>> r=requests.post('https://█████.com/login',
data={"form_email":"abc@example.com","form_pass":"123456"})
```

Requests 默认使用 application/x-www-form-urlencoded 对 POST 数据进行编码。以上代码的样式相当于在 Postman 中的样式，如图 1.18 所示。

➤　以 JSON 形式上传数据。

但是有时需要传递 JSON 数据，此时可以直接传入 json 参数。

```
>>> params={"form_email":"abc@example.com","form_pass":"123456"}
```

```
#内部自动序列化为 JSON 数据
>>> r=requests.post('https://          .com/login', json=params)
```

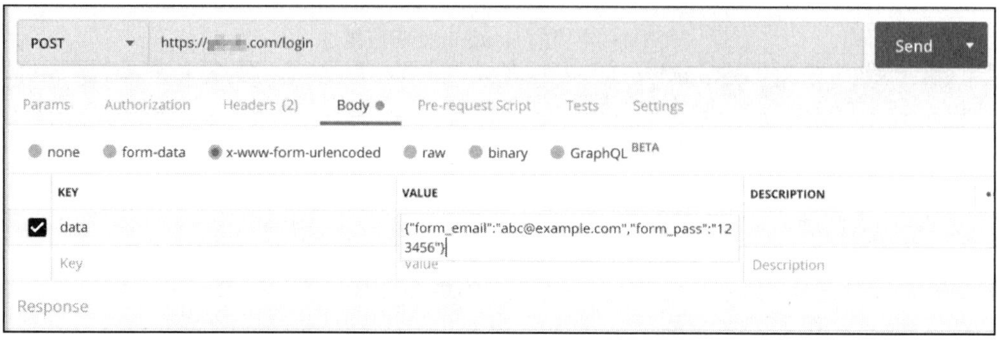

图1.18　Requests的POST application/x-www-form-urlencoded请求

以上代码的样式相当于在 Postman 中的样式，如图 1.19 所示。

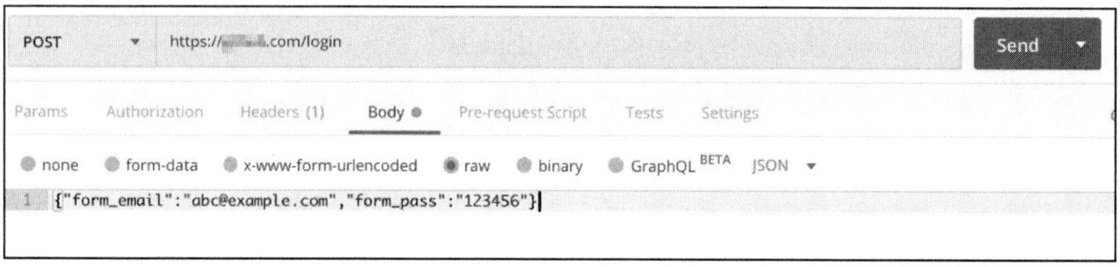

图1.19　Requests的POST JSON数据请求

➤　以文件形式上传数据。

上传文件时需要更复杂的编码格式，但是利用 Requests 可以直接将文件传给 files 参数。

```
>>> upload_files={'file': open('test.xls', 'rb')}
>>> r=requests.post('https://          .com/login', files=upload_files)
```

（4）设置代理

在 Requests 中设置代理代码的可读性很强。

```
>>> proxies={"http": "https://163.32.135.43:8008", "https": "https://147.124.298.
34:8009"}
>>> response=requests.get("https://www.baidu.com/", proxies=proxies)
```

（5）设置超时

连接时间超过 timeout，会停止等待响应。

```
>>> requests.get('https://          .com/login', timeout=0.01)
```

连接超时和读超时分开设置时，传入一个元组。

```
>>> requests.get('https://          .com/login', timeout=(0.01, 0.05))
```

（6）设置请求重试次数

超时重试 3 次，max_retries 设置为 3。

```
>>> import requests
>>> from requests.adapters import HTTPAdapter
>>> s=requests.Session()
>>> s.mount('http://', HTTPAdapter(max_retries=3))
>>> s.mount('https://', HTTPAdapter(max_retries=3))
```

```
>>> s.get('http://www.baidu.com', timeout=5)
```

需要注意的是，重试 3 次，加上第一次访问，一共是 4 次访问，用时是 20 秒，而不是重试 3 次用时 15 秒。

（7）设置关闭重定向

将 allow_redirects 设为 False，即关闭重定向。

```
>>> requests.get('http://▊▊▊▊▊.com', allow_redirects=False)
```

5. cookie 和 session

某些网站在访问的时候需要登录，但是不能每次发送请求都登录一次，显然这是不合理的。解决这个问题需要用到 session 会话，只登录一次，然后一直保持登录的状态再发送更多请求。

构建 session 会话对象实例。

```
>>> import requests
#构建 session 会话对象
>>> session=requests.session()
>>> url="http://▊▊▊▊▊.com/login"
>>> data={"form_emai": "abc@example.com", "form_pass": "123456"}
#第一次请求：POST 请求
>>> session.post(url, data=data)
#第二次请求：GET 请求
>>> session.get(url)
#得到登录后的 cookie 信息
>>> session.cookies
```

1.3.3　Python 工具库数据采集实训

以上两小节主要介绍了两种 Python 工具库的一些基本操作，本小节通过一个实训演练实际数据采集，以便读者更加清楚地了解 Python 工具库采集数据的过程。现以 Requests 工具库为例介绍输出 JSON 格式的数据。

【需求描述】采集当当网中童书新书榜的图书信息，输出童书新书榜排名前 10 的图书信息。

```
>>> import requests
>>> url="http://bang.▊▊▊▊▊.com/Standard/Bang/Core/hosts/getChildrensbooksBang.php"
>>> params={"format":"json", "method":"Bang", "bangname":"newhotsell","type":
"bk_24hours", "cat_path":"01.41.00.00.00.00","ranktype":"volume","page_index":"1",
"bangid":".bang1239285","time":"1584275432543"
}
>>> response=requests.get(url, params)
>>> list=response.json().get("product_api")
>>> for i in range(0, len(list)):
>>> …print(i+1, list[i].get("product_name"))
```

图 1.20 所示为 Requests 数据采集实训的代码及结果。

【代码解析】

➢　导入 Requests 库。

➢　定义 URL 和 URL 参数（根据需要采集的网址而定），实现 GET 请求。

```
In [95]:  import requests
          url = "http://bang.■■■■■.com/Standard/Bang/Core/hosts/getChildrensbooksBang.php"
          params = {"format":"json", "method":"Bang", "bangname":"newhotsell","type":"bk_24hours","cat_path":"01.41.00.00.00.00","ranktype":"volume",
              "page_index":"1","bangid":".bang1239285","time":"1584275432543"}
          reponse = requests.get(url, params)

In [118]: list =reponse.json().get("product_api")
          for i in range(0, len(list)):
              print(i+1, list[i].get("product_name"))

          1 窗边的小豆豆合集（1～6）
          2 我要去故宫系列（套装全20册）
          3 吉竹伸介想象力绘本：这是苹果吗也许是吧系列（4册）
          4 勇敢长大（全4册）含《勇敢夜之龙》《天才陶德》《不示弱的龟》《独行侠艾瑞克》
          5 大英儿童百科全书（软精装升级版，全彩共16册）
          6 一条狗的使命（全3册）（畅销70万册、全球热映电影《一条狗的使命》原著小说青少版）
          7 我喜欢自己（套装全3册 带给孩子更多的自信系列！）——■■■■■推荐《我喜欢自己》
          8 迷人的逻辑思维游戏书+不可思议的烧脑游戏书（套装）
          9 声音之书+视觉之书
          10 花婆婆 启发人物传记系列绘本第一辑（全7册）——清华附小推荐《花婆婆》！
```

图1.20　Requests数据采集实训的代码及结果

➢　Response 解析，循环得到童书新书榜排名前 10 的图书信息。其中 response.json()
直接得到 JSON 形式的响应文本。

本章小结

➢　数据采集的意义体现在：企业获取有价值且可靠的数据信息，基于该数据信息
做出合适的决策。

➢　理解如何通过 HTTP、URL 等进行网页访问。

➢　理解 urllib3 和 Requests 访问网页的方式及基本操作。

➢　通过数据采集实训深入理解 requests 访问网页的过程。

本章习题

1．简答题

（1）数据采集需要注意哪几个问题？

（2）数据分析可视化步骤由哪几步组成？

（3）浏览器发起 HTTP 请求由哪几步组成？

（4）常用 HTTP 请求方法有哪些？

2．编程题

需求：采集当当网中限时"秒杀"图书列表，输出前 10 个"秒杀"图书的名称及作
者名称。采用技术：HTTP 中的 GET 请求方法和 Requests 工具库。

第 2 章

Scrapy 采集框架

技能目标

➢ 掌握 Scrapy 技术架构
➢ 了解 Scrapy 的基本使用方法及常用命令
➢ 掌握 Scrapy Shell 命令用法及实战

本章任务

学习本章，读者需要完成以下 3 个任务。

任务 2.1　掌握 Scrapy 技术架构

了解 Scrapy 的背景、原理、整体架构、安装方式，为掌握 Scrapy 框架实现数据采集奠定理论基础。

任务 2.2　采集图书明细数据

采集当当网图书畅销榜首页图书明细数据，并将明细数据持久化地保存在本地文本文件中。

任务 2.3　使用 Scrapy Shell 解析博客网页

了解使用 Scrapy Shell 的意义，掌握 Scrapy Shell 命令的使用，掌握 Scrapy Shell 在爬虫过程中的实际应用。

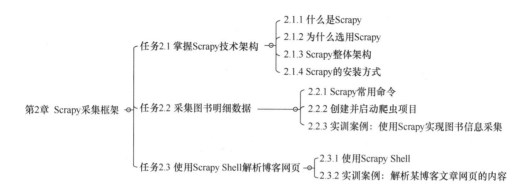

Scrapy 是一个使用 Python 实现的、为爬取网站数据并提取结构性数据而编写的应用框架。它的功能非常强大，只需要定制开发几个模块就可以轻松地实现爬虫功能，用来爬取页面中的文字内容及图片信息等。

任务 2.1 掌握 Scrapy 技术架构

【任务描述】

了解 Scrapy 的背景、原理、整体架构、安装方式，为掌握 Scrapy 框架实现数据采集奠定理论基础。

【关键步骤】

（1）了解什么是 Scrapy。

（2）掌握 Scrapy 整体架构。

（3）掌握 Scrapy 的安装方式。

2.1.1 什么是 Scrapy

Scrapy 是一个基于 Python 语言实现的应用框架，它可以用来快速爬取网站数据，如页面中的文字内容及图片信息等。Scrapy 使用 Twisted 异步网络框架处理网络通信，除了可以加快下载速度，还可以灵活地满足实际工作中的各种需求。所谓的框架就是被集合了各种功能（高性能异步下载、队列、分布式、解析、持久化等）的具有很强的通用性的项目模板。

> ⚠️ **注意**
>
> Twisted 是通过 Python 实现的基于事件驱动的网络引擎框架，它支持许多常见的传输及应用层协议，包括 TCP、UDP、SSL/TLS、HTTP、IMAP、SSH、IRC 以及 FTP 等。

2.1.2 为什么选用 Scrapy

Scrapy 是一个功能非常强大的爬虫框架，它不仅可以用于便捷地构建 HTTP 请求，还有强大的选择器用于快速、方便地解析和回应 HTTP 响应。Scrapy 的优点可以简单概括为以下 5 点。

（1）Scrapy 使用 Twisted 异步网络框架处理网络通信，加快了爬取数据的速度。

（2）Scrapy 具有强大的统计及日志系统，方便查看返回内容以及统计信息。

（3）Scrapy 可同时采集多个不同网页的数据。

（4）Scrapy 支持 Shell，方便独立调试。

（5）Scrapy 运用管道的方式将数据存入数据库，操作灵活，可以保存多种形式的数据。

2.1.3　Scrapy 整体架构

Scrapy 提供了很多有价值的组件，几乎涵盖爬虫系统所有的功能模块，可按需自由定制，方便使用。Scrapy 整体架构如图 2.1 所示。

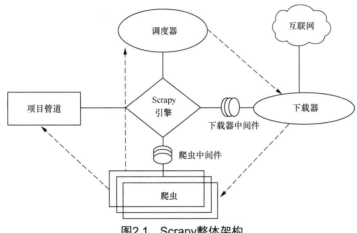

图2.1　Scrapy整体架构

根据图 2.1 可知，Scrapy 主要包括以下组件。

➤　Scrapy 引擎（Engine Scrapy）：是整个架构的核心，负责组件间的信息传递及触发事务。

➤　调度器（Scheduler）：负责调度程序接收来自引擎的请求（Requests），并将它们排入队列。

➤　下载器（Downloader）：负责提取页面信息并将信息反馈到引擎，再由引擎将该信息传递给爬虫。

➤　爬虫（Spiders）：是 Scrapy 用户编写的自定义类，用于解析响应并从中提取爬取的项目或追加的其他请求。

➤　项目管道（Item Pipeline）：负责处理爬虫从网页中爬取的实体，主要的功能是持久化实体、验证实体的有效性、清除不需要的信息。将被爬虫解析后发送到项目管道的页面信息，经过几个特定的次序处理数据。

➤　下载器中间件（Downloader Middleware）：负责处理 Scrapy 引擎与下载器之间的请求及响应，是位于 Scrapy 引擎和下载器之间的框架。

➤　爬虫中间件（Spider Middleware）：负责处理 Scrapy 的响应输入和请求输出，是位于 Scrapy 引擎和爬虫之间的框架。

基于 Scrapy 多个组件之间相互的联系，Scrapy 整体工作流程大致如下。

（1）Scrapy 引擎从 Spiders 获取请求后，将请求发给调度器排队。

（2）Scrapy 引擎将从调度器处获取的需处理的请求发送给下载器。

（3）下载器根据请求从网络下载数据并封装成响应对象传递给 Scrapy 引擎，在传递过程中，下载器中间件对响应进行处理。

（4）Scrapy 引擎将获取到的响应传递给爬虫进行处理。

（5）爬虫处理完后，生成一个包含需要继续爬取的网址的请求和 Items 对象组成结果，将结果发送给 Scrapy 引擎，在发送过程中会再次经过爬虫中间件并进行相应的处理。

（6）Scrapy 引擎接收到爬虫传递的结果，将结果中的 Items 发送给项目管道处理，项目管道会对数据进行整理、清洗、保存；同时将 Requests 发给调度器排队，当调度器不存在 Requests 时，整个程序才会结束。

> **⚠️ 注意**
>
> Scrapy 的停止方式与 Requests 库的停止方式有些不同。我们知道 Requests 库在实现爬虫时，如果遇到请求错误，那么程序会立即停止。但由于 Scrapy 是异步请求架构，即便 Scrapy 遇到某些错误的请求，它也不会立即停止。默认情况下，Scrapy 要等到调度器中的请求清空时才会停止。

2.1.4　Scrapy 的安装方式

一般可以使用"pip install scrapy"来安装 Scrapy，本小节介绍使用 Anaconda 安装 Scrapy。Anaconda 是一种适用于大数据分析的 Python 工具，其包含多种数据科学包和依赖项，可以通过管理工具包、开发环境、Python 版本，大大简化工作流程。使用 Anaconda 安装 Scrapy 的具体步骤如下。

（1）确保 Anaconda 已经安装。

（2）在终端输入 conda install scrapy 并按回车键。

（3）在终端输入 scrapy 并按回车键测试安装结果，出现如图 2.2 所示的界面即表示安装成功。

图2.2　Scrapy安装成功界面

任务 2.2 **采集图书明细数据**

【任务描述】

采集当当网图书畅销榜首页图书明细数据，并将明细数据持久化地保存在本地文本文件中。

【关键步骤】

（1）创建当当网图书畅销榜首页图书明细数据项目。

（2）创建爬虫文件。

（3）将采集的图书明细数据持久化地写入本地文本文件。

2.2.1　Scrapy 常用命令

Scrapy 命令可以分为全局命令和项目命令两种。

1. 全局命令

➢ startproject：使用模板创建一个爬虫项目。

➢ genspider：创建爬虫文件。

➢ settings：获取 Scrapy 的设置信息。

➢ runspider：运行爬虫文件。

➢ shell：打开 Shell 调试。

➢ fetch：下载给定 URL 的网页，并在终端输出。

➢ view：启动浏览器，并查看 URL 内容。

➢ version：查看 Scrapy 的版本。

2. 项目命令

➢ crawl：启动指定爬虫项目。

➢ check：检查项目或爬虫是否有错误。

➢ list：列出当前目录中所有的爬虫项目。

➢ edit：修改指定爬虫文件。

➢ parse：获取给定 URL 网页的内容。

➢ bench：测试爬虫的采集效率。

 注意

> 运行以上 Scrapy 命令时需要加上 "scrapy"，如：scrapy startproject xxx。

Scrapy 命令的作用涵盖创建爬虫采集项目、创建爬虫文件等，可以通过在命令后加上参数-h 的方式来查看该命令的意思和它的一些参数释义。例如想查看 view 命令的意思和参数释义，可以采用如下代码。

```
>>> scrapy view -h
```

返回内容如图 2.3 所示。

2.2.2　创建并启动爬虫项目

Scrapy 爬虫项目需要先创建爬虫项目，

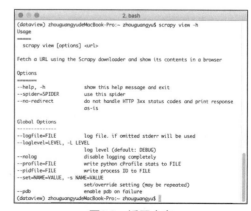

图2.3　返回内容

然后创建爬虫文件，之后是编写爬虫文件的全部内容。创建和启动 Scrapy 爬虫项目可以分为以下 3 个步骤。

（1）通过 scrapy startproject 命令创建爬虫项目。

（2）通过 scrapy genspider 命令创建爬虫文件。

（3）通过 scrapy crawl 命令启动爬虫项目。具体代码如下。

```
#创建爬虫项目
>>> scrapy startproject scrapyproject
#进入 scrapyproject 项目
>>> cd scrapyproject
#创建爬虫文件
>>> scrapy genspider scrapytest blog.tianya.cn
#启动爬虫项目
>>> scrapy crawl scrapytest
```

具体操作如图 2.4 所示。

下面详细讲解上述示例中涉及的命令和知识点。

1. 创建爬虫项目

命令格式如下。

```
scrapy startproject <project_name> [project_dir]
```

这条命令可以在指定的 project_dir 路径下创建一个爬虫项目，若没有指定 project_dir 路径，表示在本路径下创建爬虫项目，如图 2.4 所示的第一行命令。

图2.4　创建并启动爬虫项目

创建 scrapyproject 爬虫项目后，进入 scrapyproject 项目，可以看到出现了多个文件，这些文件是自动生成的爬虫文件，其结构及相关介绍如下。

```
|____scrapy.cfg
|____scrapyproject
|     |_____init .py
|     |_____items.py
|     |_____middlewares.py
```

```
|    |_____pipelines.py
|    |_____settings.py
|    |_____spiders
|    |    |_____init .py
```

➢ scrapy.cfg 文件

scrapy.cfg 文件是全局配置文件，一般不需要更改，故不详细说明。

➢ items.py 文件

在爬虫的过程中，会在 items.py 文件中定义统一的数据格式以便数据可以在各模块之间传输。在爬虫项目中可以定义多个不同的 items 文件，以满足不同的爬取需求。

➢ middlewares.py 文件

middlewares.py 文件是中间件文件，目的是扩展 Scrapy 爬虫框架的功能，允许用户自定义爬虫以满足功能需求。

➢ pipelines.py 文件

pipelines.py 文件也称为"管道文件"，主要负责处理数据，将爬取到的数据写入数据库、文件等持久化模块。一个项目可以有多个管道文件，将数据存入不同的存储模块，易于理解、方便查看。

➢ settings.py 文件

settings.py 文件是项目的配置文件，管道、中间件等相关参数需在 settings.py 中激活。

➢ spiders 文件夹

spiders 文件夹是整个项目的爬虫模块，使用 genspider 创建的爬虫文件就保存在此文件夹下。一个爬虫项目可以包含多个爬虫文件，不同需求的代码可以写入不同的爬虫文件，以便使代码更清晰、易读。

2. 创建爬虫文件

需要注意的是，创建爬虫文件的命令必须在 scrapyproject 目录下执行，命令格式如下。

```
scrapy genspider [-t template] <name> <domain>
```

命令格式中的参数解释如下。

（1）template：模板类型。Scrapy 提供了 4 种模板，帮助我们自动生成代码，如果不指定 template，那么 Scrapy 默认创建 basic 模板，如图 2.4 所示为创建的一个 basic 模板，文件名为 scrapytest。Scrapy 创建爬虫文件的可用模板如下。

➢ basic：创建基础爬虫文件。

➢ crawl：创建自动爬虫文件。

➢ csvfeed：创建爬取 CSV 数据的爬虫文件。

➢ xmlfeed：创建爬取 XML 数据的爬虫文件。

（2）name：爬虫文件名称，此名称不能使用项目名称（前文例子中的 scrapyproject），也不能使用已经存在的爬虫文件的名称，否则会报错。如果想覆盖以前的爬虫文件，可以在 genspider 后面加-force 选项，这样后面的名称即可覆盖之前的爬虫文件名称。

（3）domain：要爬取的域名。

创建完爬虫文件后，打开 scrapytest 文件，可以看到安装后的 basic 模板自动生成了代码，具体代码如下。

```
1.  # -*- coding: utf-8 -*-
2.  import scrapy
3.
4.
5.  class ScrapytestSpider(scrapy.Spider):
6.      name="scrapytest"
7.      allowed_domains=["blog.tianya.cn"]
8.      start_urls=['http://blog.tianya.cn/']
9.
10.     def parse(self, response):
11.         pass
```

在 scrapytest.py 爬虫文件中，会自动生成 name、allowed_domains、start_urls 属性和 parse()方法，含义如下。

➢ allowed_domains：包含爬虫启动时爬取的域名列表，对不需要爬取的域名进行过滤。

➢ start_urls：包含爬虫启动时爬取的 URL 列表。需要爬取的初始 URL 会包含在其中，同时通过该 URL 获取到的数据中的其他 URL 也会写入 start_urls。

➢ parse()：爬取网页的数据后，该方法默认被调用，然后在该方法内对爬取的网页数据进行解析。

3. 启动爬虫项目

创建完爬虫文件后，需要启动爬虫项目才可以运行爬虫。启动爬虫项目的命令格式如下。

`scrapy crawl <spidername>`

图 2.4 所示，启动 scrapytest 项目，执行命令 scrapy crawl scrapytest 即可。

scrapy crawl 是启动爬虫项目，还有一个命令是运行爬虫文件，其命令格式如下。

`scrapy runspider xxxxx.py`

例如运行 scrapytest 文件，可以执行命令 scrapy runspider scrapytest.py。返回结果如图 2.5 所示。

图2.5 返回结果

以上两个命令都可以运行爬虫项目，但是两者有本质上的区别：scrapy crawl 运行爬虫项目需要先创建爬虫项目，然后运行爬虫项目；而 scrapy runspider 不需要先创建爬虫项目，可以直接运行 Python 文件。scrapy runspider 适用于简单、便捷的爬虫任务。

scrapy runspider 和 scrapy crawl 的区别如表 2.1 所示。

表 2.1　scrapy runspider 和 scrapy crawl 的区别

区别	命令	
	scrapy runspider	**scrapy crawl**
说明	无须创建项目，可直接运行 Python 文件	先创建项目，然后运行爬虫项目
是否需要项目	否	是
运行对象	Python 文件	爬虫项目
示例	scrapy runspider scrapytest.py	scrapy crawl scrapytest

2.2.3　实训案例：使用 Scrapy 实现图书信息采集

本案例主要介绍如何使用 Scrapy 实现网页采集，重点是让用户对网页采集有整体的概念。

访问当当网采集目标网址。下载当当网图书畅销榜首页的图书明细数据，即下载如图 2.6 所示的方框中的内容并提取图书基本信息项，图书基本信息项主要包含：书名、评论数量、推荐度、第一作者、发布日期、出版社、折扣价、原价和折扣。

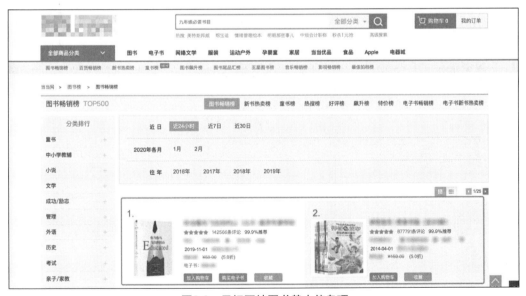

图2.6　目标网站图书基本信息项

1．关键步骤

（1）创建采集当当网图书畅销榜名单首页项目。

（2）使用 Chrome 浏览器开发者工具分析页面结构，定位需爬取字段的位置。

（3）根据页面分析结果，编写爬虫文件。

（4）运行爬虫，并将提取的文件持久化地写入本地文本文件汇总。

2．具体实现

使用 Chrome 浏览器打开采集地址，利用快捷键 F12 打开开发者工具。其中 Elements 面板可实时编辑、查看 DOM 节点和层叠样式表（cascading style sheets，CSS）样式，接下来我们将依据 Elements 查看该网页 HTML 脚本结构，如图 2.7 所示。

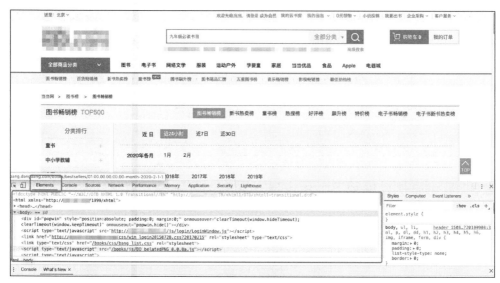

图2.7　网页HTML脚本结构

利用开发者工具确认采集需求中图书列表数据的 HTML 脚本结构及 CSS 样式，根据页面元素布局得知图书列表数据存储在样式为 bang_list_box 的 div 容器内，如图 2.8 所示。

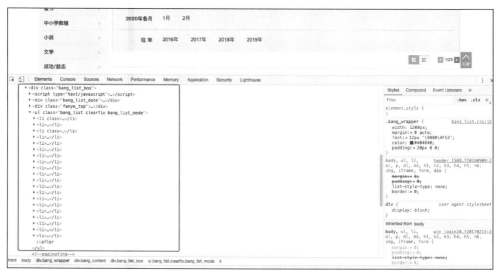

图2.8　图书列表数据

展开第一个 li 标签，即可清晰确认图书基本信息项，确认图书基本信息项在 HTML 脚本结构中的位置和特征属性，为接下来的数据提取做准备，如图 2.9 所示。

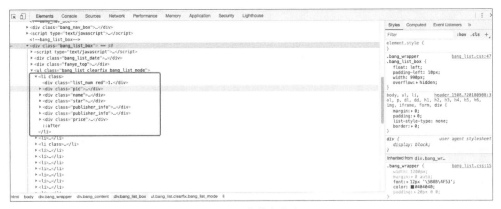

图2.9　图书基本信息项

创建 Scrapy 爬虫项目，将其命名为 dangdangproject，命令如下。

```
>>> scrapy startproject dangdangproject
```

在 spiders 文件夹下通过命令创建爬虫文件，命令如下。

```
>>> scrapy genspider bestsellers bang.          .com
```

然后编写爬虫文件 bestsellers.py，核心代码如下。

```
1.   # -*- coding: utf-8 -*-
2.   import scrapy
3.   #当当网图书畅销榜
4.   class BestsellersSpider (scrapy.Spider):
5.       name="bestsellers"
6.       allowed _domains=["bang.dangdang.com"]
7.       start_urls=['http://bang.          .com/books/bestsellers/01.00.00.00.
     00.00-recent7-0-0-1-1/']
8.       def parse(self, response):
9.           li_list=response.xpath('//div[@class="bang_list_box"]/ul/li')
10.          content_ list=[]
11.          for li  in li_list:
12.              #书名
13.              bookname=li.xpath(u'.//div[@class=" name"]/a/text()')
                 [0].extract()
14.              #评论数量
15.              discuss_str=li.xpath(u'.//div[@class="star"]/a/text()')
                 [0].extract()
16.              #推荐度
17.              recommend_str=li. xpath(u'.//div[@class="star"]/span/
                 text()')[0].extract()
18.              #第一作者
19.              author_str=li.xpath(u'.//div[@class="publisher_info"][1]
                 /a/text()')[0].extract()
20.              #发布日期
21.              date_str=li.xpath(u'.//div[@class="publisher_info"][2]/
                 s pan/text()')[0].extract()
22.              #出版社
23.              press_str=li.xpath(u'.//div[@class="publisher_info"][2]/
                 a/text()')[0].extract()
```

```
24.                    #折扣价
25.                    discountprice_str=li.xpath(u'.//div[@class="price"]/p/
                       sp an[1]/text()')[0].extract()
26.                    #原价
27.                    primecost_str=li.xpath(u'.//div[@class="price"]/p/span
                       [2]/text()')[0].extract()
28.                    #折扣
29.                    discount_str=li.xpath(u'.//div[@class="price"]/p/span
                       [3]/text()')[0].extract()
30.
31.                    dict={
32.                            '书名':bookname,
33.                            '评论数量':discuss_str,
34.                            '推荐度':recommend_str,
35.                            '第一作者':author_str,
36.                            '发布日期':publishdate_str,
37.                            '出版社':press_str,
38.                            '折扣价':discountprice_str,
39.                            '原价':primecost_str,
40.                            '折扣':discount_str
41.                    }
42.
43.                    content_list.append(dict)
44.
45.             return content_list
```

运行爬虫，执行 scrapy crawl bestsellers 命令，如图 2.10 所示。

```
(dataview) zhouguagyudeMBP:spiders zhouguangyu$ scrapy crawl bestsellers
2020-04-12 23:00:57 [scrapy.utils.log] INFO: Scrapy 1.3.3 started (bot: dangdangproject)
2020-04-12 23:00:57 [scrapy.utils.log] INFO: Overridden settings: {'BOT_NAME': 'dangdangproject', 'NEWSPIDER_MODULE': 'dangdangproject.spiders', 'ROBOTSTXT_OBEY': True, 'SPIDER_MODU
LES': ['dangdangproject.spiders']}
2020-04-12 23:00:57 [scrapy.middleware] INFO: Enabled extensions:
['scrapy.extensions.corestats.CoreStats',
 'scrapy.extensions.telnet.TelnetConsole',
 'scrapy.extensions.logstats.LogStats']
2020-04-12 23:00:57 [scrapy.middleware] INFO: Enabled downloader middlewares:
['scrapy.downloadermiddlewares.robotstxt.RobotsTxtMiddleware',
 'scrapy.downloadermiddlewares.httpauth.HttpAuthMiddleware',
 'scrapy.downloadermiddlewares.downloadtimeout.DownloadTimeoutMiddleware',
 'scrapy.downloadermiddlewares.defaultheaders.DefaultHeadersMiddleware',
 'scrapy.downloadermiddlewares.useragent.UserAgentMiddleware',
 'scrapy.downloadermiddlewares.retry.RetryMiddleware',
 'scrapy.downloadermiddlewares.redirect.MetaRefreshMiddleware',
 'scrapy.downloadermiddlewares.httpcompression.HttpCompressionMiddleware',
 'scrapy.downloadermiddlewares.redirect.RedirectMiddleware',
 'scrapy.downloadermiddlewares.cookies.CookiesMiddleware',
 'scrapy.downloadermiddlewares.stats.DownloaderStats']
2020-04-12 23:00:57 [scrapy.middleware] INFO: Enabled spider middlewares:
['scrapy.spidermiddlewares.httperror.HttpErrorMiddleware',
 'scrapy.spidermiddlewares.offsite.OffsiteMiddleware',
 'scrapy.spidermiddlewares.referer.RefererMiddleware',
 'scrapy.spidermiddlewares.urllength.UrlLengthMiddleware',
 'scrapy.spidermiddlewares.depth.DepthMiddleware']
2020-04-12 23:00:57 [scrapy.middleware] INFO: Enabled item pipelines:
[]
2020-04-12 23:00:57 [scrapy.core.engine] INFO: Spider opened
```

图2.10　运行爬虫

提取结果如图 2.11 所示。

执行以下命令。

```
>>> scrapy crawl bestsellers -o bestsellers.json -s FEED_EXPORT_ENCODING=utf-8
```

实现将提取的图书信息持久化地存储在 JSON 文件（bestseller.json）中，如图 2.12
所示。

查看 JSON 文件的内容，如图 2.13 所示。

```
2020-04-12 23:00:57 [scrapy.extensions.logstats] INFO: Crawled 0 pages (at 0 pages/min), scraped 0 items (at 0 items/min)
2020-04-12 23:00:57 [scrapy.extensions.telnet] DEBUG: Telnet console listening on 127.0.0.1:6023
2020-04-12 23:00:57 [scrapy.downloadermiddlewares.redirect] DEBUG: Redirecting (302) to <GET http://          .        html> from <GET http://       .        txt>
2020-04-12 23:00:57 [scrapy.core.engine] DEBUG: Crawled (200) <GET http://         null.html> (referer: None)
2020-04-12 23:00:57 [scrapy.core.scraper] DEBUG: Scraped from <200 http://           /books/bestsellers/01.00.00.00.00-recent7-0-0-1-1/>
{'书名': '你当像鸟飞往你的山         年度特别推荐，登顶《纽约时报》', '评论数量': '216731条评论', '推荐度': '99.9%推荐', '第一作者': '塔拉', '发布日期': '2019-11-01', '出版社': '南海出版公司', '折扣价': '¥59.00', '原价': '¥59.00', '折扣': '10.0折'}
2020-04-12 23:00:57 [scrapy.core.scraper] DEBUG: Scraped from <200 http://           /books/bestsellers/01.00.00.00.00-recent7-0-0-1-1/>
{'书名': '神奇校车·桥梁书版（全20册）', '评论数量': '899301条评论', '推荐度': '99.9%推荐', '第一作者': '乔安娜柯尔', '发布日期': '2014-04-01', '出版社': '贵州人民出版社', '折扣价': '¥112.50', '原价': '¥150.00', '折扣': '7.5折'}
2020-04-12 23:00:57 [scrapy.core.scraper] DEBUG: Scraped from <200 http://           /books/bestsellers/01.00.00.00.00-recent7-0-0-1-1/>
{'书名': '小熊和最好的爸爸（全7册）', '评论数量': '1074677条评论', '推荐度': '99.7%推荐', '第一作者': '阿兰德·丹姆', '发布日期': '2007-11-01', '出版社': '贵州人民出版社', '折扣价': '¥33.30', '原价': '¥35.00', '折扣': '9.5折'}
2020-04-12 23:00:57 [scrapy.core.scraper] DEBUG: Scraped from <200 http://           /books/bestsellers/01.00.00.00.00-recent7-0-0-1-1/>
{'书名': '神奇校车·图画书版（全12册，新增科学博览全球版）', '评论数量': '1278836条评论', '推荐度': '100%推荐', '第一作者': '乔安娜柯尔', '发布日期': '2018-05-10', '出版社': '贵州人民出版社', '折扣价': '¥148.50', '原价': '¥198.00', '折扣': '7.5折'}
2020-04-12 23:00:57 [scrapy.core.scraper] DEBUG: Scraped from <200 http://           /books/bestsellers/01.00.00.00.00-recent7-0-0-1-1/>
{'书名': '人间失格（日本小说家太宰治的自传体小说，     推荐）', '评论数量': '1703977条评论', '推荐度': '100%推荐', '第一作者': '太宰治', '发布日期': '2015-08-01', '出版社': '作家出版社', '折扣价': '¥18.80', '原价': '¥25.00', '折扣': '7.5折'}
2020-04-12 23:00:57 [scrapy.core.scraper] DEBUG: Scraped from <200 http://           /books/bestsellers/01.00.00.00.00-recent7-0-0-1-1/>
{'书名': '少年读史记（套装共5册）', '评论数量': '685451条评论', '推荐度': '99.9%推荐', '第一作者': '张嘉骅', '发布日期': '2015-09-01', '出版社': '青岛出版社', '折扣价': '¥75.00', '原价': '¥100.00', '折扣': '7.5折'}
2020-04-12 23:00:57 [scrapy.core.scraper] DEBUG: Scraped from <200 http://           /books/bestsellers/01.00.00.00.00-recent7-0-0-1-1/>
{'书名': '作家榜经典：月亮与六便士（畅销250万册！荣获2019当当年度著桂冠！）', '评论数量': '900203条评论', '推荐度': '100%推荐', '第一作者': '毛姆', '发布日期': '2017-01-10', '出版社': '浙江文艺出版社', '折扣价': '¥28.80', '原价': '¥39.88', '折扣': '7.2折'}
2020-04-12 23:00:57 [scrapy.core.scraper] DEBUG: Scraped from <200 http://           /books/bestsellers/01.00.00.00.00-recent7-0-0-1-1/>
{'书名': '正面管教（修订版）', '评论数量': '1233050条评论', '推荐度': '100%推荐', '第一作者': '简·尼尔森', '发布日期': '2016-07-01', '出版社': '北京联合出版公司', '折扣价': '¥29.20', '原价': '¥38.00', '折扣': '7.7折'}
2020-04-12 23:00:57 [scrapy.core.scraper] DEBUG: Scraped from <200 http://           /books/bestsellers/01.00.00.00.00-recent7-0-0-1-1/>
{'书名': '人生海海（麦家重磅新作！）', '评论数量': '336958条评论', '推荐度': '100%推荐', '第一作者': '麦家', '发布日期': '2019-04-16', '出版社': '北京十月文艺出版社', '折扣价': '¥55.00', '原价': '¥55.00', '折扣': '10.0折'}
2020-04-12 23:00:57 [scrapy.core.scraper] DEBUG: Scraped from <200 http://           /books/bestsellers/01.00.00.00.00-recent7-0-0-1-1/>
{'书名': '乌合之众：大众心理研究', '评论数量': '326029条评论', '推荐度': '99.9%推荐', '第一作者': '古斯塔夫·勒庞', '发布日期': '2018-04-06', '出版社': '民主与建设出版社', '折扣价': '¥19.50', '原价': '¥26.00', '折扣': '7.5折'}
```

图2.11　提取结果

```
(dataview) zhouguangyudeMBP:spiders zhouguangyu$ scrapy crawl bestsellers -o bestsellers.json -s FEED_EXPORT_ENCODING=utf-8
2020-04-12 23:02:58 [scrapy.utils.log] INFO: Scrapy 1.3.3 started (bot: dangdangproject)
2020-04-12 23:02:58 [scrapy.utils.log] INFO: Overridden settings: {'BOT_NAME': 'dangdangproject', 'FEED_EXPORT_ENCODING': 'utf-8', 'FEED_FORMAT': 'json', 'FEED_URI': 'bestsellers.json', 'NEWSPIDER_MODULE': 'dangdangproject.spiders', 'ROBOTSTXT_OBEY': True, 'SPIDER_MODULES': ['dangdangproject.spiders']}
2020-04-12 23:02:58 [scrapy.middleware] INFO: Enabled extensions:
['scrapy.extensions.corestats.CoreStats',
 'scrapy.extensions.telnet.TelnetConsole',
 'scrapy.extensions.feedexport.FeedExporter',
 'scrapy.extensions.logstats.LogStats']
2020-04-12 23:02:58 [scrapy.middleware] INFO: Enabled downloader middlewares:
['scrapy.downloadermiddlewares.robotstxt.RobotsTxtMiddleware',
 'scrapy.downloadermiddlewares.httpauth.HttpAuthMiddleware',
 'scrapy.downloadermiddlewares.downloadtimeout.DownloadTimeoutMiddleware',
 'scrapy.downloadermiddlewares.defaultheaders.DefaultHeadersMiddleware',
 'scrapy.downloadermiddlewares.useragent.UserAgentMiddleware',
 'scrapy.downloadermiddlewares.retry.RetryMiddleware',
 'scrapy.downloadermiddlewares.redirect.MetaRefreshMiddleware',
 'scrapy.downloadermiddlewares.httpcompression.HttpCompressionMiddleware',
 'scrapy.downloadermiddlewares.redirect.RedirectMiddleware',
 'scrapy.downloadermiddlewares.cookies.CookiesMiddleware',
 'scrapy.downloadermiddlewares.stats.DownloaderStats']
2020-04-12 23:02:58 [scrapy.middleware] INFO: Enabled spider middlewares:
['scrapy.spidermiddlewares.httperror.HttpErrorMiddleware',
 'scrapy.spidermiddlewares.offsite.OffsiteMiddleware',
 'scrapy.spidermiddlewares.referer.RefererMiddleware',
 'scrapy.spidermiddlewares.urllength.UrlLengthMiddleware',
 'scrapy.spidermiddlewares.depth.DepthMiddleware']
2020-04-12 23:02:58 [scrapy.middleware] INFO: Enabled item pipelines:
[]
2020-04-12 23:02:58 [scrapy.core.engine] INFO: Spider opened
2020-04-12 23:02:58 [scrapy.extensions.logstats] INFO: Crawled 0 pages (at 0 pages/min), scraped 0 items (at 0 items/min)
2020-04-12 23:02:58 [scrapy.extensions.telnet] DEBUG: Telnet console listening on 127.0.0.1:6023
2020-04-12 23:02:58 [scrapy.downloadermiddlewares.redirect] DEBUG: Redirecting (302) to <GET http://       .com/null.html> from <GET http://       .com/robots.txt>
2020-04-12 23:02:58 [scrapy.core.engine] DEBUG: Crawled (200) <GET http://       .com/null.html> (referer: None)
2020-04-12 23:02:59 [scrapy.core.engine] DEBUG: Crawled (200) <GET http://       .com/books/bestsellers/01.00.00.00.00-recent7-0-0-1-1/> (referer: None)
2020-04-12 23:02:59 [scrapy.core.scraper] DEBUG: Scraped from <200 http://       .com/books/bestsellers/01.00.00.00.00-recent7-0-0-1-1/>
{'书名': '你当像鸟飞往你的山（比尔·盖茨年度特别推荐，登顶《纽约时报》', '评论数量': '216733条评论', '推荐度': '99.9%推荐', '第一作者': '塔拉', '发布日期': '2019-11-01', '出版社': '南海出版公司', '折扣价': '¥59.00', '原价': '¥59.00', '折扣': '10.0折'}
2020-04-12 23:02:59 [scrapy.core.scraper] DEBUG: Scraped from <200 http://       .com/books/bestsellers/01.00.00.00.00-recent7-0-0-1-1/>
{'书名': '神奇校车·桥梁书版（全20册）', '评论数量': '899301条评论', '推荐度': '99.9%推荐', '第一作者': '乔安娜柯尔', '发布日期': '2014-04-01', '出版社': '贵州人民出版社', '折扣价': '¥112.50', '原价': '¥150.00', '折扣': '7.5折'}
```

图2.12　将提取的图书信息存储在bestsellers.json文件中

```
(dataview) zhouguangyudeMBP:spiders zhouguangyu$ head -n 10 bestsellers.json
[
{"书名": "你当像鸟飞往你的山（比尔·盖茨年度特别推荐，登顶《纽约时报》", "评论数量": "142566条评论", "推荐度": "99.9%推荐", "第一作者": "塔拉", "发布日期": "2019-11-01", "出版社": "南海出版公司", "折扣价": "¥29.50", "原价": "¥59.00", "折扣": "5.0折"},
{"书名": "小熊和最好的爸爸（全7册）", "评论数量": "1042318条评论", "推荐度": "99.7%推荐", "第一作者": "阿兰德·丹姆", "发布日期": "2007-11-01", "出版社": "贵州人民出版社", "折扣价": "¥20.65", "原价": "¥35.00", "折扣": "5.9折"},
{"书名": "神奇校车·桥梁书版（全20册）", "评论数量": "877793条评论", "推荐度": "99.9%推荐", "第一作者": "乔安娜柯尔", "发布日期": "2014-04-01", "出版社": "贵州人民出版社", "折扣价": "¥75.00", "原价": "¥150.00", "折扣": "5.0折"},
{"书名": "人间失格（日本小说家太宰治的自传体小说，李现推荐）", "评论数量": "1676445条评论", "推荐度": "100%推荐", "第一作者": "太宰治", "发布日期": "2015-08-01", "出版社": "作家出版社", "折扣价": "¥8.00", "原价": "¥25.00", "折扣": "3.2折"},
{"书名": "作家榜经典：月亮与六便士（畅销250万册）", "评论数量": "876596条评论", "推荐度": "100%推荐", "第一作者": "毛姆", "发布日期": "2017-01-10", "出版社": "浙江文艺出版社", "折扣价": "¥18.90", "原价": "¥39.80", "折扣": "4.7折"},
{"书名": "云边有个小卖部", "评论数量": "502115条评论", "推荐度": "100%推荐", "第一作者": "张嘉佳", "发布日期": "2018-07-01", "出版社": "湖南文艺出版社", "折扣价": "¥21.00", "原价": "¥42.00", "折扣": "5.0折"},
{"书名": "马尔克斯：百年孤独（50周年纪念版）", "评论数量": "1497756条评论", "推荐度": "100%推荐", "第一作者": "加西亚·马尔克斯", "发布日期": "2017-08-01", "出版社": "南海出版公司", "折扣价": "¥55.00", "原价": "¥55.00", "折扣": "6.9折"},
{"书名": "大国崛起  团购电话         ", "评论数量": "176293条评论", "推荐度": "99.6%推荐", "第一作者": "唐晋", "发布日期": "2007-01-01", "出版社": "人民出版社", "折扣价": "¥28.00", "原价": "¥55.00", "折扣": "5.0折"},
{"书名": "正面管教（修订版）", "评论数量": "1202097条评论", "推荐度": "100%推荐", "第一作者": "简·尼尔森", "发布日期": "2016-07-01", "出版社": "北京联合出版公司", "折扣价": "¥18.80", "原价": "¥38.00", "折扣": "4.9折"},
```

图2.13　bestsellers.json文件内容

本实训案例介绍使用 Scrapy 采集网页数据的整体流程，Scrapy 中数据持久化存储分为两种，一种为基于终端指令的持久化存储，另外一种为基于管道的持久化存储。本例中采用基于终端指令的持久化存储。

任务 2.3 使用 Scrapy Shell 解析博客网页

【任务描述】

了解使用 Scrapy Shell 的意义，掌握 Scrapy Shell 命令的使用，掌握 Scrapy Shell 在爬虫过程中的实际应用。

【关键步骤】

（1）理解使用 Scrapy Shell 的原因。

（2）掌握 Scrapy Shell 命令的使用。

（3）实训案例：通过 Scrapy Shell 解析某博客文章网页的内容。

2.3.1 使用 Scrapy Shell

当需要爬取某招聘网站上某一个岗位的信息时，我们不能将整个页面的 HTML 脚本都返回，而需要根据实际需求提取有价值的数据，可以使用正则表达式，但是使用正则表达式匹配目标字段很容易出现问题，需要不断地调试、订正正则表达式来提高数据提取的准确性。对于一个较大的 Scrapy 项目，测试正则表达式是否正确过于烦琐，所以我们可以使用 Scrapy Shell 先进行调试，测试成功后将目标字段的正则表达式补充到项目中即可。

Scrapy Shell 是一个交互终端，可以在未启动爬虫的情况下调试代码，主要用来测试提取数据的代码。在终端中可以使用 XPath、CSS、正则表达式等工具来测试代码能否从爬取的页面中正确地提取数据。掌握了 Scrapy Shell，你会发现开发和调试爬虫代码非常简单。

2.3.2 实训案例：解析某博客文章网页的内容

首先需要启动 Scrapy Shell，启动命令格式如下。

```
scrapy shell <url> [--nolog]
```

其中，参数的含义如下。

➢ url：表示需要解析的 URL。

➢ --nolog：表示指定不输出日志。

启动 Scrapy Shell 后，等待系统进入交互模式。

解析某博客文章网页的内容，其页面内容如图 2.14 所示。

启动 Scrapy Shell。

```
>>> scrapy shell 博客网址
```

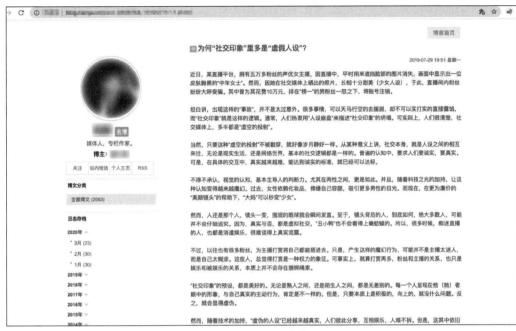

图2.14　页面内容

启动 Scrapy Shell 的代码及结果如图 2.15 所示。

```
(dotaview) zhouguangyudeMBP:scrapyproject zhouguangyu$ scrapy shell http://    .cn/post-4698784-131057717-1.shtml
2020-04-12 23:08:37 [scrapy.utils.log] INFO: Scrapy 1.3.3 started (bot: scrapyproject)
2020-04-12 23:08:37 [scrapy.utils.log] INFO: Overridden settings: {'BOT_NAME': 'scrapyproject', 'DUPEFILTER_CLASS': 'scrapy.dupefilters.BaseDupeFilter', 'LOGSTATS_INTERVAL': 0, 'NEW
SPIDER_MODULE': 'scrapyproject.spiders', 'ROBOTSTXT_OBEY': True, 'SPIDER_MODULES': ['scrapyproject.spiders']}
2020-04-12 23:08:37 [scrapy.middleware] INFO: Enabled extensions:
['scrapy.extensions.corestats.CoreStats',
 'scrapy.extensions.telnet.TelnetConsole']
2020-04-12 23:08:37 [scrapy.middleware] INFO: Enabled downloader middlewares:
['scrapy.downloadermiddlewares.robotstxt.RobotsTxtMiddleware',
 'scrapy.downloadermiddlewares.httpauth.HttpAuthMiddleware',
 'scrapy.downloadermiddlewares.downloadtimeout.DownloadTimeoutMiddleware',
 'scrapy.downloadermiddlewares.defaultheaders.DefaultHeadersMiddleware',
 'scrapy.downloadermiddlewares.useragent.UserAgentMiddleware',
 'scrapy.downloadermiddlewares.retry.RetryMiddleware',
 'scrapy.downloadermiddlewares.redirect.MetaRefreshMiddleware',
 'scrapy.downloadermiddlewares.httpcompression.HttpCompressionMiddleware',
 'scrapy.downloadermiddlewares.redirect.RedirectMiddleware',
 'scrapy.downloadermiddlewares.cookies.CookiesMiddleware',
 'scrapy.downloadermiddlewares.stats.DownloaderStats']
2020-04-12 23:08:37 [scrapy.middleware] INFO: Enabled spider middlewares:
['scrapy.spidermiddlewares.httperror.HttpErrorMiddleware',
 'scrapy.spidermiddlewares.offsite.OffsiteMiddleware',
 'scrapy.spidermiddlewares.referer.RefererMiddleware',
 'scrapy.spidermiddlewares.urllength.UrlLengthMiddleware',
 'scrapy.spidermiddlewares.depth.DepthMiddleware']
2020-04-12 23:08:37 [scrapy.middleware] INFO: Enabled item pipelines:
[]
2020-04-12 23:08:37 [scrapy.extensions.telnet] DEBUG: Telnet console listening on 127.0.0.1:6023
2020-04-12 23:08:37 [scrapy.core.engine] INFO: Spider opened
2020-04-12 23:08:37 [scrapy.core.engine] DEBUG: Crawled (404) <GET http://    .on/robots.txt> (referer: None)
2020-04-12 23:08:39 [scrapy.core.engine] DEBUG: Crawled (200) <GET http://    .on/post-4698784-131057717-1.shtml> (referer: None) ['partial']
[s] Available Scrapy objects:
[s]   scrapy     scrapy module (contains scrapy.Request, scrapy.Selector, etc)
[s]   crawler    <scrapy.crawler.Crawler object at 0x1046f7a90>
[s]   item       {}
[s]   request    <GET http://    .on/post-4698784-131057717-1.shtml>
[s]   response   <200 http://    .on/post-4698784-131057717-1.shtml>
[s]   settings   <scrapy.settings.Settings object at 0x10521ea90>
[s]   spider     <ScrapytestSpider 'scrapytest' at 0x1054da390>
[s] Useful shortcuts:
[s]   fetch(url[, redirect=True]) Fetch URL and update local objects (by default, redirects are followed)
[s]   fetch(req)                  Fetch a scrapy.Request and update local objects
[s]   shelp()          Shell help (print this help)
[s]   view(response)   View response in a browser
>>>
```

图2.15　启动Scrapy Shell的代码及结果

与普通的 Python 控制台相比，Scrapy Shell 多了一些 Scrapy 爬虫特有的功能，提供一些快捷方式，说明如下。

➢ view(response)：在本机通过默认浏览器打开指定的 Response，方便检查爬取数据。

➢ fetch(request_or_url)：根据给定的请求或 URL 获取一个新的 Response，并更新相关的对象。

➢ shelp()：输出可用对象及快捷命令的帮助信息列表。

使用 Scrapy Shell 下载网页时，会自动创建一些对象，说明如下。

➢ crawler：当前 Crawler 对象。

➢ spider：处理 URL 的 Spider 对象。

➢ request：最近获取到的页面的 Request 对象，可以使用 replace()修改该 Request，或者使用 fetch 快捷方式来获取新的 Request。

➢ response：包含最近获取到的页面的 Response 对象。

➢ settings：当前的配置信息。

可以通过上面的对象解析该网页，下面将主要介绍解析方法。

1. 获取爬取到的 URL

```
>>>request.url
'http://blog.       .cn/post-4698784-131057717-1.shtml'
```

2. 获取请求返回的状态码

```
>>>response.status
200
```

3. 通过 settings 获取设置的值

```
>>>settings.get('USER_AGENT')
'Scrapy/1.3.3 (+http:// scrapy .org)'
```

4. 在浏览器中打开当前 view(response)页面

```
>>>view(response)
True
```

输入 view(response)后按回车键，自动跳转到默认浏览器，并打开当前访问的 URL，在终端返回 True，代表跳转成功。

5. 解析另一个 URL

```
>>>fetch('https://mbd.       .com/newspage/data/landingsuper?context=%7B%22nid%
22%3A%22news_9544889749528269989%22%7D&n_type=0&p_from=1')
>>>request.url
'https://mbd.       .com/newspage/data/landingsuper?context=%7B%22nid%22%3A%2 2news_
9544889749528269989%22%7D&n_type=0&p_from=1'
```

通过一个新的 URL 获取一个新的 Response，并更新相关的对象。此时获取到的 URL 已经变成新访问的 URL。

6. Scrapy Shell 能方便快速定位页面元素

Scrapy Shell 在用于分析页面结构时可以提供便捷。如 XPath 等工具可以快速帮助用户定位指定需求的页面元素。

```
>>>response.xpath('//*[@id="midcontent"]/div/div[1]/div/h2/a/text()')
.extract_first()
```

本章小结

➢ Scrapy 主要包括以下组件：Scrapy 引擎、调度器、下载器、爬虫、项目管道、下载器中间件、爬虫中间件、调度中间件。

➢　Scrapy 常用命令：startproject、genspider、runspider、settings、shell、view、crawl、parse。

➢　实现 Scrapy 项目的简要步骤：创建爬虫工程、创建爬虫文件、编写相关代码（爬虫解析、数据处理、数据保存等代码）、运行爬虫。

本章习题

1．简答题

（1）Scrapy 的组件有哪些？

（2）Scrapy 的工作流程有哪些？

（3）Scrapy Shell 常用项目命令有哪些？

2．编程题

需求：根据指定 URL 下载页面。需用到 Scrapy、Scrapy Shell 工具。

Scrapy 采集框架进阶

➢ 掌握采用 Scrapy 框架中的 XPath 选择器提取页面信息
➢ 掌握 Scrapy 框架中的 Request 与 Response 之间传递参数的方法
➢ 掌握网页翻页爬取、不同页面数据采集
➢ 掌握采用 Item Pipeline 实现数据持久化

本章任务

学习本章，读者需要完成以下两个任务。

任务 3.1 采集前程无忧网站招聘职位信息

采用 Scrapy 框架采集前程无忧招聘网站中招聘职位列表信息以及招聘职位详情信息，并通过 Item Pipeline 组件将汇总后的职位信息数据写入 MySQL 数据库中的指定表，同时在本地以文本文件的方式进行备份。

任务 3.2 采集中国人民大学出版社图书列表

采用 Scrapy 框架采集中国人民大学出版社图书中心页面中后端服务器返回的图书列表，解析图书列表 API 中 JSON 数据的结构，将解析后的 JSON 数据写入指定文本文件。

本章将介绍采用 Scrapy 框架实现复杂逻辑的数据采集、数据提取、数据持久化，以及编写爬虫项目的逻辑技巧和注意事项。

任务 3.1 采集前程无忧网站招聘职位信息

【任务描述】

采用 Scrapy 框架，采集前程无忧招聘网站中招聘职位列表信息以及招聘职位详情信息，并通过 Item Pipeline 组件将汇总后的职位信息数据写入 MySQL 数据库中的指定表，同时在本地以文本文件的方式进行备份。

【关键步骤】

（1）创建采集前程无忧职位信息工程。

（2）采集招聘职位列表数据，同时实现翻页采集功能。

（3）根据职位列表数据中详情页面的 URL，采集职位详情数据。

（4）将提取的数据持久化地写入 MySQL 数据库，同时将数据备份至本地。

要实现对前程无忧网站数据的采集，需要在爬虫文件中编写相应的代码来实现爬取逻辑和目标数据解析。第 2 章提到的 Scrapy 工作流程中，引擎从 Spiders 中提取请求到调度器，调度器经过调度将其传递给下载器，下载器通过 HTTP 请求向目标服务器请求内容，之后将返回的内容构造成响应再传递给 Spiders 进行内容解析。要完成整个爬取逻辑实现代码的编写和目标数据解析就必须了解 Scrapy 中的两个核心对象——Response 和 Request。

3.1.1 Scrapy 中的 Response 对象

Response 对象用于描述 HTTP 响应。当指定页面下载完成后，下载器依据 HTTP 响应头部中的 Content-Type 信息创建某个 Response 的子类对象，将下载结果传到爬虫文件的 parse(self,response) 方法中。通常，爬取的页面内容都是 HTML 脚本，故创建的是 HtmlResponse 对象。

Response 对象初始化命令如下。

```
class scrapy.http.Response(url[, status=200, headers=None, body=b'', flags=None,
request=None])
```

1. Response

➢ url：响应的 URL。

➢ status：HTTP 返回的状态码，如 200、404。

➢ headers：响应的头部。

➢ body：响应正文数据内容。

➢ request：初始化 Request 对象。

2. Response 属性、方法

表 3.1 详细介绍了 Response 常见的属性、方法及其说明。

表 3.1　Response 常见的属性、方法及其说明

属性、方法	说明
url	响应的 URL，str 类型。在 Scrapy 框架中，如果需要获取采集页面的 URL，只能通过 Response 对象的 URL 属性获取
status	响应的状态码，int 类型。在 Scrapy 框架中，通过 status 属性来获取该响应的网络请求状态码
headers	响应的头部，dict 类型。可以调用 get()或 getlist()方法对其进行访问
body	响应正文，bytes 类型。在数据爬取过程中，响应的数据内容一般分为 JSON 和 HTML 脚本两种类型。如果响应内容为 HTML 脚本，则可以通过 XPath 与 CSS 选择器等工具解析 HTML 脚本中的指定数据。如果响应内容为 JSON 脚本，需通过第三方解析 JSON 库工具解析并达到获取指定数据的目标
text	文本形式的 HTTP 响应正文，属于 str 类型，它是由 response.body 使用 response.encoding 解码得到的。即 response.text = response.body.decode(response.encoding)
encoding	响应正文的编码，它的值可能是从 HTTP 响应头部或正文中解析出来的
request	响应的 Request 对象
meta	即 response.request.meta。在构造 Request 对象时，可将要传递给响应处理函数的信息通过 meta 参数传入；在响应处理函数处理响应时，通过 response.meta 将信息取出。meta 主要承担 Request 与 Response 之间传递数据的工作
selector	对象用于在 Response 中提取数据
xpath(query)	使用 XPath 选择器在 Response 中提取数据；它是 response.selector.xpath()方法的快捷方式
css(query)	使用 CSS 选择器在 Response 中提取数据；它是 response.selector.css()方法的快捷方式
urljoin (url)	用于构造绝对 URL。当传入的 url 参数是一个相对地址时，根据 response.url 计算出相应的绝对 URL

3. Response 主要子类

➢ TextResponse：TextResponse 继承自 Response 类，增加了编码的功能，用于处理二进制数据，如图像、音频、视频等。

➢ HtmlResponse：HtmlResponse 是 TextResponse 的子类，HtmlResponse 能自动发现编码方式通过 HTML metahttp-equiv。通常在 Scrapy 的 Spider 中，回调函数 parse()的参数 response 就是这个类型。

➢ XmlResponse：XmlResponse 也是 TextResponse 的子类，XmlResponse 能自动发现编码方式通过 XML 的声明。

3.1.2 Scrapy 中的 Request 对象

Request 对象在爬虫程序中生成并传递至系统，该对象含 HTTP 请求信息，最终传递到下载器进行数据下载，即将生成的 Response 对象返回到发送请求的爬虫程序。

Request 对象初始化命令如下。

```
class scrapy.http.Request([url, callback, method='GET', headers, body, cookies,
meta, encoding='utf-8', priority=0, dont_filter=False, errback, flags])
```

1. Request 常用参数

➢ url(string)：请求页面的 URL。

➢ callback(callable)：指定用于解析请求响应的方法。发起的请求在接收到响应后，会自动调用该回调函数来处理返回的响应。在回调函数中默认接收的第一个参数为该请求接收到的返回的响应。如果未指定 callback，则默认使用 Spider 的 parse()方法。

➢ method(string)：HTTP 请求的方法，默认为 GET。

➢ body(str)：HTTP 请求的正文。如果值为 Unicode，name 将会用 encoding 指定的编码方式转化为 str 类型。如果 body 不指定，将会存储为空字符串。

➢ headers(dict)：HTTP 请求的头部字典。

➢ encoding(string)：url 及 body 参数的默认编码为 utf-8。

➢ cookies(dict or list)：Cookie 信息字典，一般分为 dict 字典形式和 list 字典形式。值得注意的是，当网站在响应中返回 Cookie 时，这些 Cookie 将被保存以便实现未来的访问请求。这是浏览器的常规行为。

➢ meta(dict)：Request 的元数据字典，dict 类型，主要用途为向 Scrapy 框架中的其他组件传递信息，例如中间件 Item Pipeline。其他组件可以使用 Request 对象的 meta 属性访问该元数据字典（request.meta），也用于向响应处理函数传递信息。读者可参考 Response 的 meta 属性相关内容。

2. Request 回调函数

当下载器处理完请求并生成响应时，就会调用回调函数，也就是 callback 指定的处理方法，并以 Response 对象为第一个参数。

下面通过一个示例来讲解 Request 对象和 Response 对象。

示例 3-1：爬取前程无忧网站职位详情信息并输出在控制台上。

在爬取前程无忧网站的过程中，首先需要用户在 start_urls 属性中添加指定爬取的 URL 作为爬虫的入口，Scrapy 会自动初始化 Request 对象，该对象请求 URL 后，通过下载器将响应内容下载下来，Spiders 会根据返回内容生成一个 Response 对象，并默认将该 Response 对象传递至 parse()方法。在该方法中利用 XPath 提取元素的技术，将职位详情页 URL 提取出来，通过 Scrapy 的 request()方法请求并下载详情页信息，生成 Response 对象后，Scrapy 会自动调用 parse_detailspage()方法。在该方法中提取职位详情信息并输出在控制台上。

Spider 核心代码如下。

```
1.  #爬虫入口
2.  start_urls=[
3.      'https://search.51job.com/list/010000,000000,0000,00,9,99,%2B,2,1.html?
        lang=c&postchannel=0000&workyear=99&cotype=99°reefrom=99&jobterm=99&companysize
        =99&ord_field=0&dibiaoid=0&line=&welfare=']
4.  #爬取职位列表
5.  def parse(self, response):
6.      #定位并获取职位列表元素的列表
7.      div_el_list=response.xpath('//div[@id="resultList"]/div[@class="el"]')
8.      #遍历职位列表
9.      for el in div_el_list:
10.         # XPath 提取职位详情 HTTP 请求地址
11.         job_http_addr=el.xpath('.//p[@class="t1 "]/span/a/@href').extract_first()
12.         #请求详情页 URL，将相应结果返回给 parse_detailspage()方法
13.         scrapy.Request(job_http_addr,callback=self.parse_detailspage)
14.
15. #爬取职位详情页信息
16. def parse_detailspage(self, response):
17.     print(response.status)
18.     item=response.meta['item']
19.     job_info=response.xpath('//div[@class="bmsg job_msg inbox"]/p/text()')
        .extract()
20.     #在控制台输出该职位详情信息
21.     print(job_info)
```

3.1.3　XPath 选择器

通常情况下，我们只需要爬取整个网页中的某几个字段的值，并不需要爬取网页中所有的内容，这时可以通过选择器来进行目标数据的解析，Scrapy 的选择器有很多，有 XPath、CSS、re 等，我们选取常用的 XPath 进行目标数据解析。

XPath 即 XML 路径语言，它是一种用来确定 XML（标准通用标记语言的子集）文档中某部分位置的语言。XPath 基于 XML 的树状结构，有不同类型的节点，包括元素节点、属性节点和文本节点，提供在数据结构树中找寻节点的功能。开发 XPath 的初衷是将其作为一个通用的语法模型，但是 XPath 很快就被开发者用作小型查询语言。

XPath 以节点来解析文档，然后通过路径表达式定位元素，再通过 XPath 轴和运算符进一步过滤，以达到提取指定数据的目的。

XPath 使用路径表达式在 XML 文档中选取节点。节点是沿着路径选取的，通过路径可以找到想要的节点或者节点范围，如表 3.2 所示。

表 3.2　XPath 选取节点

表达式	描述	用法	说明
/	从根节点选取	xpath('/div')	从根节点选取 div 节点
//	从当前节点选择文档中的节点，且不考虑它们的位置	xpath('//div')	从当前节点选取含有 div 节点的标签
.	选取当前节点	xpath('./div')	选取当前节点下的 div 标签
..	选取当前节点的父节点	xpath('../')	回到上一级节点
@	选取属性	xpath("//div[@id='1001']")	获取 div 标签中含有 ID 属性且值为 1001 的标签

XPath 语法可用于查找某个特定的节点或者包含某个指定值的节点，如表 3.3 所示。

表 3.3　XPath 语法

表达式	说明
/market/fruit[1]	选取属于 market 子元素的第一个 fruit 节点
//title[@lang='eng']	选取所有 title 节点，且这些节点拥有值为 eng 的 lang 属性

XPath 通配符可用于选取未知的 XML 元素，匹配指定节点，如表 3.4 所示。

表 3.4　XPath 通配符

表达式	描述	用法	说明
*	匹配任意元素节点	xpath(/div/*)	选取 div 下的所有子节点
@*	匹配任意属性节点	xpath(/div[@*])	选取所有属性的 div 节点

通过在路径表达式中使用"|"运算符，我们可以选取若干个路径，如表 3.5 所示。

表 3.5　XPath 多路径选择

用法	说明
xpath(//market/fruit |//market/price)	选取 market 元素的所有 fruit 和 price 元素
xpath(//fruit | //price)	选取文档中的所有 fruit 和 price 元素

使用常用功能函数可以提高检索效率。XPath 常用功能函数包括 starts-with、contains、text()，其具体用法如表 3.6 所示。

表 3.6　XPath 常用功能函数

函数	描述	用法	说明
text()	获取节点中的文本内容	xpath(//a[text()='数据分析'])	元素内的文本为"数据分析"的所有 a 节点

在 Scrapy 框架中，XPath 集成在 Response 类中，可以方便地调用。在使用 XPath 选择器提取数据的过程中，extract_first()和 extract()这两种方法较为常见。extract()方法按

照一定规则提取数据后返回一个数据列表，而 extract_first()方法按照一定规则提取数据后返回列表的第一条数据，即使 XPath 解析过程中出现异常，extract_first()方法也不会出现程序报错，会返回 none。

下面通过一个示例来讲解 XPath 选择器。

示例 3-2：利用 XPath 选择器提取前程无忧网站职位列表信息。

利用 Scrapy 框架中的 XPath 选择器提取前程无忧网站职位列表信息，主要包含职位名称、职位详情 HTTP 请求地址、公司名称、工作地点、薪资、发布时间等信息。

从 Spider 文件中提取职位列表信息的核心代码如下。

```
1.  # XPath 提取职位名称
2.  job_name=el.xpath('.//p[@class="t1"]/span/a/@title').extract_first()
3.  # XPath 提取职位详情 HTTP 请求地址
4.  job_http_addr=el.xpath('.//p[@class="t1"]/span/a/@href').extract_first()
5.  # XPath 提取公司名称
6.  company_name=el.xpath('.//span[@class="t2"]/a/@title').extract_first()
7.  # XPath 提取工作地点
8.  job_addr=el.xpath('.//span[@class="t3"]/text()').extract_first()
9.  # XPath 提取薪资
10. job_salary=el.xpath('.//span[@class="t4"]/text()').extract_first()
11. # XPath 提取发布时间
12. job_pubdate=el.xpath('.//span[@class="t5"]/text()').extract_first()
```

3.1.4　网页翻页爬取

在采集前程无忧网站职位列表信息时，每页最多采集 50 条职位信息，如果需要爬取全量的职位信息数据，无法从单一页面中直接获取，前程无忧网站职位列表信息分页情况如图 3.1 所示。

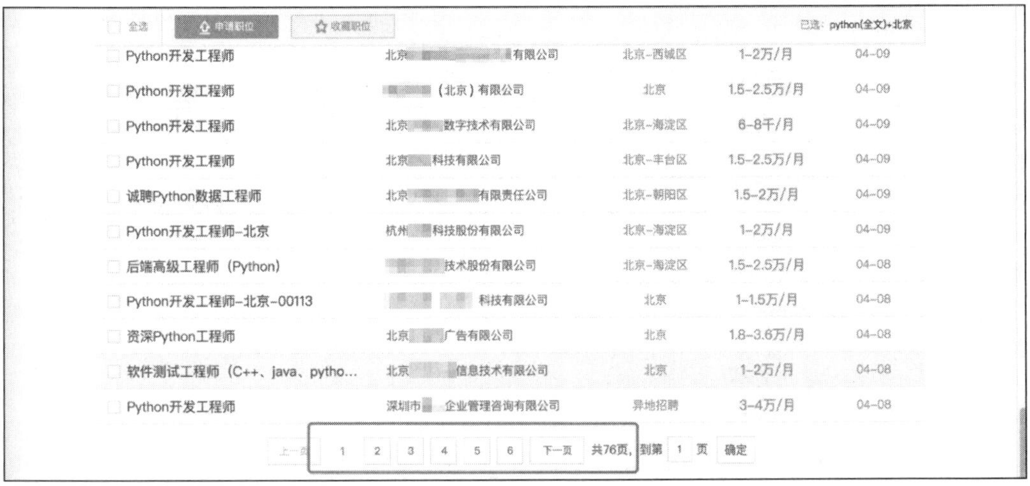

图3.1　前程无忧网站职位列表信息分页情况

我们可采取网页翻页的方式实现爬取全量的职位列表信息。基于本小节任务的需要，我们要采集招聘网站全量的招聘信息，为此只需获取每一页的"下一页"控件元素中的

URL 即可。下面通过示例 3-3 来具体讲解。

示例 3-3：采集招聘网站的全量招聘信息，并实现自动翻页效果。

为了实现采集全量招聘信息，需要定位"下一页"控件元素的位置，并获取该元素中的 URL，如图 3.2 所示。

图3.2 获取前程无忧网站职位列表"下一页"控件元素中的URL

核心代码如下。

```
1.  def parse(self, response):
2.  div_el_list=response.xpath('//div[@id="resultList"]/div[@class="el"]')
3.  #获取"下一页"控件元素中的 URL
4.  next_page=response.xpath('//div[@class="dw_page"]/div[@class="p_box"]/div
    [@class="p_wp"]/div[@class="p_in"]/ul/li[last()]/a/@href').extract_first()
5.  for el in div_el_list:
6.      # XPath 提取职位名称
7.      job_name=el.xpath('.//p[@class="t1"]/span/a/@title').extract_first()
8.      # XPath 提取职位详情页 URL
9.      job_http_addr=el.xpath('.//p[@class="t1"]/span/a/@href').extract_first()
10.     # XPath 提取公司名称
11.     company_name=el.xpath('.//span[@class="t2"]/a/@title').extract_first()
12.     # XPath 提取工作地点
13.     job_addr=el.xpath('.//span[@class="t3"]/text()').extract_first()
14.     # XPath 提取薪资
15.     job_salary=el.xpath('.//span[@class="t4"]/text()').extract_first()
16.     # XPath 提取发布时间
17.     job_pubdate=el.xpath('.//span[@class="t5"]/text()').extract_first()
18.
19. #判断当前页面是否是需爬取的最后一页
20. if next_page:
21.     yield scrapy.Request(str(next_page),
22.                     callback=self.parse)
```

在获取"下一页"控件元素中的 URL 后，通过该 URL 创建并执行 Scrapy 框架中的 Request 对象，通过 yield 关键字将 Request 作为返回值返回。后续引擎收到 Request 后将其分发至调度器，通过下载器下载页面脚本并将结果传给 parse()方法开始新页面的解析。

在 Python 中，带有 yield 关键字的函数不再是普通的函数，而是生成器。yield 的作用和 return 类似，但 return 返回一次结果，而 yield 是迭代一次就返回一次 yield 后面的值。需要注意的是，下一次迭代时，从上一次迭代的 yield 后面的代码开始执行。yield 关键字的优势在于 yield 相当于替换了 list 和 return，返回的是一个迭代器。这样的好处是，如果使用 list，那么随着 list 里元素的增加，内存会不断增大，而 yield 解决了这个问题。在 Scrapy 中使用 yield 同样也是省略了 list，不会造成内存累加的负担，在某些场景下爬取过程中会产生较大的数据量，如果一直使用 list，内存占用过大，会导致出现服务宕机等情况。

3.1.5　不同页面数据采集

3.1.4 小节讲解了根据实际需求采集全量的职位列表信息。根据职位列表信息可以发现我们已经采集了详情页的 URL，根据该 URL 即可采集详情页的信息。由于职位列表页和详情页的页面结构不相同，因此需编写其他方法来解析详情页的信息。在创建并执行 Request 对象的时候，添加回调函数，指定当前请求下载结果的解析方法。

示例 3-4：采集每条职位详情页的信息，并输出在控制台上。

在示例 3-3 中已经采集了前程无忧网站的职位列表信息，接下来将根据采集的职位列表信息继续采集每个职位详情页的信息，并输出在控制台上，不限于职位信息、联系方式、公司信息。具体步骤：第一步，从职位列表信息中获取详情页的 URL；第二步，在创建并执行 Request 对象的同时指定回调函数为 parse_detailspage()，意义在于该 Request 对象返回的数据由 parse_detailspage()方法处理；第三步，在 parse_detailspage()方法中解析并提取详情页的职位信息、联系方式及公司信息，并输出在控制台上。

核心代码如下。

```
1.  def parse(self, response):
2.      div_el_list=response.xpath('//div[@id="resultList"]/div[@class="el"]')
3.      #获取下一页的 URL
4.      next_page=response.xpath('//div[@class="dw_page"]/div[@class="p_box"]/
        div[@class="p_ wp"]/div[@class="p_in"]/ul/li[last()]/a/@href').extract_first()
5.      for el in div_el_list:
6.          # XPath 提取职位名称
7.          job_name=el.xpath('.//p[@class="t1 "]/span/a/@title').extract_first()
8.          # XPath 提取职位详情 HTTP 请求地址
9.          job_http_addr=el.xpath('.//p[@class="t1 "]/span/a/@href').extract_first()
10.         #在控制台上输出职位名称
11.         print(job_name)
12.         #在控制台上输出职位详情 HTTP 请求地址
13.         print(job_http_addr)
14.         try:
15.             yield scrapy.Request(job_http_addr,
```

```
16.                                    callback=self.parse_detailspage)
17.         except Exception as e:
18.             print(e)
19.     #判断当前页面是否是需爬取的最后一页
20.     if next_page:
21.         yield scrapy.Request(str(next_page),
22.                                callback=self.parse)
23. def parse_detailspage(self, response):
24.     #XPath 提取子页职位信息
25.     job_info=response.xpath('//div[@class="bmsg job_msg inbox"]/p/text()')
        .extract()
26.     #XPath 提取子页联系方式
27.     contact=response.xpath('//div[@class="bmsg inbox"]/p/text()').extract()
28.     #XPath 提取子页公司信息
29.     company_info=response.xpath('//div[@class="tmsg inbox"]/text()').extract()
30.     #在控制台上输出子页职位信息
31.     print(job_info)
32.     #在控制台上输出子页联系方式
33.     print(contact)
34.     #在控制台上输出子页公司信息
35.     print(company_info)
```

为了获取详情页中的职位详情内容，我们需要在 parse ()方法中通过 XPath 工具解析职位列表页中的职位详情页的 URL，利用该 URL 构造 Request 对象，然后通过 yield 关键字将 Request 对象作为方法返回值返回。引擎获取该 Request 对象后将其分发至调度器进行处理，再由下载器下载职位详情页内容，最后将其通过回调函数传给 parse_detailspage() 方法继续解析子页面中的职位信息、联系方式、公司信息。

输出结果如图 3.3 所示。

图3.3　输出结果

3.1.6　Item 封装数据

前文讲解了从页面中提取数据的方法，本小节讲解如何封装爬取到的数据。容易想到的是使用 Python 字典，但使用字典可能有以下缺点。

➢ 无法一目了然地了解数据中包含哪些字段，影响代码的可读性。

➢ 缺乏对字段名字的监测，程序容易因编写代码时"笔误"而出错。

➢ 不便于携带元数据（传递给其他组件的信息）。

为解决上述问题，可在 Scrapy 框架中使用自定义的 Item 类封装爬取到的数据。

Scrapy 提供 Item 和 Field 两个类，用户可以使用它们自定义数据类，封装爬取到的数据。

➢ Item 类：自定义数据类型（如 QcwyprojectItem）的基类。

➢ Field 类：用来描述自定义数据类型包含哪些字段（如 zwmc、gsmc 等）。

示例 3-5：使用 Item 自定义类封装信息。

前文已经讲解采集前程无忧网站相关的职位信息，这里我们根据实际需求，将职位信息封装到自定义的 QcwyprojectItem 类中，它包含职位名称、职位详情 HTTP 请求地址、公司名称、工作地点、薪资、发布时间、职位信息、联系方式、公司信息。

Scrapy 工程下 items.py 文件中的核心代码如下。

```
1.     # -*- coding: utf-8 -*-
2.  import scrapy
3.  class QcwyprojectItem(scrapy.Item):
4.      #define the fields for your item here like:
5.      #name=scrapy.Field()
6.      #职位名称
7.      job_name=scrapy.Field()
8.      #职位详情 HTTP 请求地址
9.      job_http_addr=scrapy.Field()
10.     #公司名称
11.     company_name=scrapy.Field()
12.     #工作地点
13.     job_addr=scrapy.Field()
14.     #薪资
15.     job_salary=scrapy.Field()
16.     #发布时间
17.     job_pubdate=scrapy.Field()
18.     #职位信息
19.     job_info=scrapy.Field()
20.     #联系方式
21.     contact=scrapy.Field()
22.     #公司信息
23.     company_info=scrapy.Field()
24.     pass
```

3.1.7　Request 与 Response 之间传递参数的方法

在某些场景下，需要在回调函数之间传递参数，可以使用 Request.meta 来实现参数的传递。

示例 3-6：采集不同页面的数据且整合。

在采集某招聘网站招聘职位信息时，需要爬取职位基本信息及职位详情信息，但是这两类信息通常不在同一个页面，为了保证采集数据的完整性，需要在采集数据的过程中将这两类信息的数据一并采集且整合。在此我们使用 Scrapy 框架中的 meta 实现该需求。在执行 Request()方法的构造函数中将职位基本信息赋值到 meta 中，再传递至回调函数 parse_detailspage()中。

核心代码如下。

```
1.  def parse(self, response):
2.  div_el_list=response.xpath('//div[@id="resultList"]/div[@class="el"]')
3.  for el in div_el_list:
4.      # XPath 提取职位名称
5.      job_name=el.xpath('.//p[@class="t1 "]/span/a/@title').extract_first()
6.      # XPath 提取职位详情 HTTP 请求地址
7.      job_http_addr=el.xpath('.//p[@class="t1"]/span/a/@href').extract_fir st()
8.      # XPath 提取公司名称
9.      company_name=el.xpath('.//span[@class="t2"]/a/@title').extract_first()
10.     # XPath 提取工作地点
11.     job_addr=el.xpath('.//span[@class="t3"]/text()').extract_first()
12.     # XPath 提取薪资
13.     job_salary=el.xpath('.//span[@class="t4"]/text()').extract_first()
14.     # XPath 提取发布时间
15.     job_pubdate=el.xpath('.//span[@class="t5"]/text()').extract_first()
16.     # QcwyprojectItem 是 Item 的封装类，可以直接使用
17.     item=QcwyprojectItem()
18.     item['job_name']=job_name
19.     item['job_http_addr']=job_http_addr
20.     item['company_name']=company_name
21.     item['job_addr']=job_addr
22.     item['job_salary']=job_salary
23.     item['job_pubdate']=job_pubdate
24.     try:
25.         yield scrapy.Request(job_http_addr, meta={'item': item},
26.                             callback=self.parse_detailspage)
27.     except Exception as e:
28.         print(e)
29. parse_detailspage(self, response):
30. print(response.status)
31. item=response.meta['item']
32. # XPath 提取子页职位信息
33. item['job_info']=response.xpath('//div[@class="bmsg job_msg inbox"]/p/text
    ()').extract()
34. # XPath 提取子页联系方式
35. item['contact']=response.xpath('//div[@class="bmsg inbox"]/p/text()').ext ract()
36. # XPath 提取子页公司信息
37. item['company_info']=response.xpath('//div[@class="tmsg inbox"]/text()').extract()
38. yield item
```

3.1.8 Item Pipeline

管道的主要作用就是处理爬取的数据。当爬虫爬取的指定数据转化为 Item 后，会传递给 Item Pipeline 做进一步处理，包括数据清洗、验证解析的数据是否正确、检查是否有重复数据、保存数据并实现数据落地等。

一个项目可以包含多个管道，通过爬虫采集到的 Item 会依次按指定顺序传递给管道进行处理。

1. Item Pipeline 的作用

➢ 清理 HTML 数据。

➢ 数据校验：检查 Item 中是否包含某些字段。

➢ 数据去重：考虑到性能的原因，去重最好在 URL 中实现，或者利用数据库主键的唯一性去重。

➢ 数据存储：将爬取的结果保存到数据库中。

2. Item Pipeline 的核心方法

Item Pipeline 的核心方法如表 3.7 所示。

表 3.7 Item Pipeline 的核心方法

方法	是否必须	参数	说明
process_item (item,spider)	是	item：被处理的 Item 对象。spider：生成该 Item 的 Spider 对象	定义的 Item Pipeline 会默认调用该方法对 Item 进行处理，返回 Item 类型的值或抛出 DropItem 异常
open_spider (spider)	否	spider：被启动的 Spider 对象	在 Spider 启动时被调用，主要做一些初始化操作，如连接数据库等
close_spider (spider)	否	spider：被关闭的 Spider 对象	在 Spider 关闭时被调用，主要做一些如关闭数据库连接等收尾性质的工作
from_crawler (cls,crawler)	否	cls：Class 类。crawler：crawler 对象	创建 Item Pipeline 对象时回调该类方法。通常，在该方法中通过 crawler.settings 读取配置，根据配置创建 Item Pipeline 对象

示例 3-7：通过 Pipeline 管道模块实现数据持久化。

前文已经讲解了前程无忧网站脚本下载、网页翻页采集、详情页面采集、指定字段数据提取、封装提取的数据等，本示例通过 Pipeline 管道模块将封装完毕的数据持久化地存储在 MySQL 数据库中，同时将写入 MySQL 数据库的数据以文本文件的方式备份至本地。

在创建 Scrapy 项目时，会自动生成一个 pipelines.py 文件，它用来放置用户自定义的 Item Pipeline。本项目的 pipelines.py 中实现了 QcwyprojectPipeline、PipelineToMySQL。

由于需要操作 MySQL 数据库，因此需安装 pymysql 工具。安装命令如下。

```
>>>conda install pymysql
```

Scrapy 项目下 pipelines.py 文件中的核心代码如下。

```
1.      import pymysql
2.
```

```
3.     # QcwyprojectPipeline 负责将前程无忧网站职位信息持久化地存储在本地文本文件中
4.     class QcwyprojectPipeline(object):
5.         #构造方法
6.         def _init_(self):
7.             self.fp=None    #定义一个文件描述符属性
8.
9.         #下列代码都是在重写父类
10.        #开始爬虫时，执行一次
11.        def open_spider(self, spider):
12.            print('持久化写入文本文件开始')
13.            self.fp=open('./data.txt', 'w')
14.
15.        #因为该方法会被执行调用多次，所以文件的打开和关闭操作写在了另外两个只会各自执行一次的方法中
16.        def process_item(self, item, spider):
17.            #将爬虫程序提交的 item 进行持久化存储
18.            self.fp.write(str(item['job_name'])
19.                            + ':' + str(item['job_http_addr'])
20.                            + ':' + str(item['company_name'])
21.                            + ':' + str(item['job_addr'])
22.                            + ':' + str(item['job_salary'])
23.                            + ':' + str(item['job_pubdate'])
24.                            + ':' + str(item['job_info'])
25.                            + ':' + str(item['contact'])
26.                            + ':' + str(item['company_info'])
27.                               + '\n')
28.            return item
29.
30.        #结束爬虫时，执行一次
31.        def close_spider(self, spider):
32.            self.fp.close()
33.            print('职位信息持久化地写入本地文件完毕')
34.
35.    #PipelineToMysql 负责将前程无忧网站职位信息持久化地存储在本地文本文件中
36.    class PipelineToMysql(object):
37.        #MySQL 的连接对象声明
38.        conn=None
39.        #MySQL 的游标对象声明
40.        cursor=None
41.        def open_spider(self,spider):
42.            print('持久化落地 MySQL 入库开始')
43.            #连接数据库
44.            self.conn=pymysql.Connect(host='172.16.30.76',port=3306,user='root',
                    password='Zstx@2019', db='xzcf_data',charset='utf8')
45.        #编写向数据库中存储数据的相关代码
46.        def process_item(self, item, spider):
47.            #链接数据库
48.            #执行 sql 语句
49.            sql='insert into jobdata values("%s","%s","%s","%s","%s","%s","%s",
                    "%s","%s")'% (str(item['job_name']),str(item['job_http_addr']),str
                    (item['com pany_name']),str(item['job_addr']),str(item['job_salary']),
                    str(item['job_pub date']),str(item['job_info']),str(item['contact']),
```

```
              str(item['company_info']))
50.           self.cursor = self.conn.cursor()
51.           #执行事务
52.           try:
53.               self.cursor.execute(sql)
54.               self.conn.commit()
55.           except Exception as e:
56.               print(e)
57.               self.conn.rollback()
58.           return item
59.       #结束爬虫时,执行一次
60.       def close_spider(self,spider):
61.           print('职位信息持久化地写入 MySQL 数据库完毕')
62.           self.cursor.close()
63.           self.conn.close()
```

需注意以下两点。

➢　Item Pipeline 不需要继承特定基类,只需要实现某些特定方法,如 process_item()、open_spider()、close_spider()。

➢　一个 Item Pipeline 必须实现一个 process_item(item,spider)方法,该方法用来处理每一项由 Spider 爬取到的数据。

3. 启动 Item Pipeline

在 Scrapy 框架中,Item Pipeline 是可选的组件,想要启用 QcwyprojectPipeline、PipelineToMysql 这两个 Item Pipeline,需要在配置文件 settings.py 中进行配置。

```
1.  ITEM_PIPELINES={
2.  'qcwyproject.pipelines.QcwyprojectPipeline': 300,
3.  'qcwyproject.pipelines.PipelineToMysql': 400,
4.  }
```

ITEM_PIPELINES 是一个字典,我们把想要启用的 Item Pipeline 添加到这个字典中,其中每一项的键都是一个 Item Pipeline 类的导入路径,值是一个 0~1000 的数字,同时启用多个 Item Pipeline 时,Scrapy 根据这些数字决定每一个 Item Pipeline 处理数据的先后顺序,数字小的先处理。

3.1.9　实训案例:采集前程无忧网站招聘职位信息

采用 Scrapy 框架采集前程无忧招聘网站中招聘职位列表信息以及招聘职位详情信息。第一步,将职位信息下载下来,再将职位名称、公司名称、薪资、职位详情 HTTP 请求地址等字段解析出来,根据详情页的 HTTP 请求,深层次地爬取职位的详细信息。第二步,将职位详情页中解析出来的字段与职位列表信息数据进行融合汇总。第三步,通过 Scrapy 框架中的 Item Pipeline 组件将汇总后的职位信息数据写入 MySQL 数据库中的指定表,同时将写入 MySQL 数据库的数据以文本文件的方式备份至本地。

1. 关键步骤

(1)使用 startproject 命令创建采集前程无忧网站职位信息的项目。

(2)使用 genspider 命令创建爬虫文件。

（3）通过 Chrome 或 Firefox 浏览器开发者工具查看页面反馈 HTML 脚本。

（4）分析 HTML 脚本，确认采集范围。

（5）确认职位详情页 URL，为后续深层次地爬取页面做准备。

（6）确认爬取职位字段的个数。

（7）编写 items.py 文件。

（8）编写 position.py 爬虫文件。

（9）编写 pipelines.py 文件，确认数据存储方式。

（10）设置 settings.py 文件中的 ITEM_PIPELINES 参数。

（11）在 MySQL 数据库中创建数据写入的表结构。

（12）运行 position 爬虫文件。

2．具体实现

（1）使用 startproject 命令创建项目

使用 startproject 命令创建采集前程无忧网站职位信息的项目，项目名称为 qcwyproject。

```
>>> scrapy startproject qcwyproject
```

（2）使用 genspider 命令创建爬虫文件

```
>>> scrapy genspider position search.51job.com
```

（3）查看页面反馈 HTML 脚本，并分析 HTML 脚本

通过 Chrome 或 Firefox 浏览器开发者工具打开前程无忧网站招聘职位列表信息页面，单击 Network 面板下的 ALL 模块，列表中的第一个 URL 链接就是招聘职位列表信息页面的 GET 请求，在 Response 功能模块下即可查看 URL 链接返回的页面 HTML 脚本，如图 3.4 所示。

图3.4　查看页面HTML脚本

根据页面布局首先定位、分析要采集的招聘职位列表信息在 HTML 中的位置、样式、结构等。如图 3.5 所示，可以确认职位列表的位置。

确认并分析每一条职位招聘信息的 HTML 结构，如图 3.6 所示。

根据图 3.6 可以得出，在 title 属性为"插画设计师"的链接 a 的 href 属性中的地址，为该职位的详细说明网页地址，如图 3.7 所示。单击该地址即可访问该职位的详细说明网页，如图 3.8 所示。

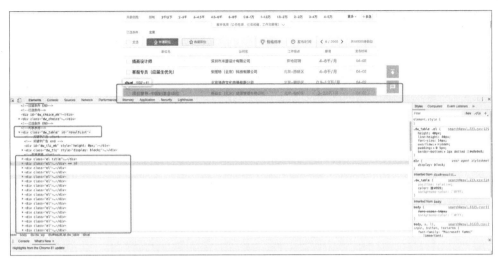

图3.5　查找职位列表的位置

图3.6　确认并分析HTML结构

图3.7　查看HTML中的链接地址

图3.8 详细说明网页

根据上述分析，我们暂且确认爬取职位名称、职位详情 HTTP 请求地址、公司名称、工作地点、薪资、发布时间，以及详情页中的职位信息、联系方式、公司信息。

（4）items.py 文件

参考本章示例 3-5 中 items.py 文件的核心代码。

（5）爬虫文件

编写爬虫文件 position.py 的内容如下。

```python
1.   # -*- coding: utf-8 -*-
2.   import scrapy
3.
4.   from qcwyproject.items import QcwyprojectItem
5.
6.
7.   class PositionSpider(scrapy.Spider):
8.       name="position"
9.       allowed_domains=['search.        .com', 'jobs.51job.com']
10.      start_urls=[
11.          'https://search.        .com/list/010000,000000,0000,00,9,99,%2B,2,1
             .html?lang=c&postchannel=0000&workyear=99&cotype=99°reefrom=99&jobterm=
             99&companysize=99&ord_field=0&dibiaoid=0&line=&welfare=']
12.
13.      def parse(self, response):
14.          div_el_list=response.xpath('//div[@id="resultList"]/div[@class="el"]')
15.          for el in div_el_list:
16.              #XPath 提取职位名称
17.              job_name=el.xpath('.//p[@class="t1 "]/span/a/@title').extract_first()
18.              #XPath 提取职位详情 HTTP 请求地址
19.              job_http_addr=el.xpath('.//p[@class="t1 "]/span/a/@href').extract_first()
20.              #XPath 提取公司名称
21.              company_name=el.xpath('.//span[@class="t2"]/a/@title').extract_first()
22.              #XPath 提取工作地点
```

```
23.            job_addr=el.xpath('.//span[@class="t3"]/text()').extract_first()
24.            #XPath 提取薪资
25.            job_salary=el.xpath('.//span[@class="t4"]/text()').extract_first()
26.            #XPath 提取发布时间
27.            job_pubdate=el.xpath('.//span[@class="t5"]/text()').extract_first()
28.            item=QcwyprojectItem()
29.            item['job_name']=job_name
30.            item['job_http_addr']=job_http_addr
31.            item['company_name']=company_name
32.            item['job_addr']=job_addr
33.            item['job_salary']=job_salary
34.            item['job_pubdate']=job_pubdate
35.            try:
36.                yield scrapy.Request(job_http_addr, meta={'item': item},
37.                                   callback=self.parse_detailspage)
38.            except Exception as e:
39.                print(e)
40.        #配置爬取网页的数量，目前爬取 2 页
41.        page=2
42.        page_html_wz=response.request.url.rsplit(',', 1)[1].index('.html')
43.        page_current=int(response.request.url.rsplit(',', 1)[1][0:page_html_wz])
44.        #判断当前页面是否是需爬取的最后一页
45.        if (int(page_current) < page):
46.            #page 加 1
47.            page_current=int(page_current) + 1
48.            next_page="https://search.████████.com/list/010000,000000,0000,
               00,9,99,*2B,2,%d.html?lang=c&postchannel=0000&workyear=
               99&cotype=99°reefrom=99 &jobterm=99&companysize=99&ord_
               field=0&dibiaoid=0&line=&welfare=" % page_cur rent
49.            yield scrapy.request(str(next_page.replace('*', '%')),
50.                               callback=self.parse)
51.
52.    def parse_detailspage(self, response):
53.        print(response.status)
54.        item=response.meta['item']
55.        #XPath 提取子页职位信息
56.        item['job_info']=response.xpath('//div[@class="bmsg job_msg
               inbox"]/p/text()').extract()
57.        #XPath 提取子页联系方式
58.        item['contact']=response.xpath('//div[@class="bmsg inbox"]/p/
               text()').extract()
59.        #XPath 提取子页公司信息
60.        item['company_info']=response.xpath('//div[@class="tmsg inbox"]/
               text()').extract()
61.        return item
```

（6）管道文件

参考本章示例 3-7 中 pipelines.py 文件的核心代码。

（7）更改 settings.py 文件

设置 settings.py 文件中的 ITEM_PIPELINES 参数，代码如下。

```
1.   TEM_PIPELINES={
2.   'qcwyproject.pipelines .QcwyprojectPipeline': 300,
3.    'qcwyproject.pipelines.PipelineToMysql':   400
4.   }
```

（8）创建数据库中的表

在 MySQL 数据库中创建 jobdata 表脚本，代码如下。

```
1.    CREATE TABLE 'jobdata' (
2.     'job_name' varchar(2000) DEFAULT NULL,
3.     'job_http_addr' text,
4.     'company_name' text,
5.     'job_addr' text,
6.     'job_salary' text,
7.     'job_pubdate' text,
8.     'job_info' text,
9.     'contact' text,
10.    'company_info' text
11.    ENGINE=InnoDB DEFAULT CHARSET=utf8mb4
```

（9）运行爬虫

执行 scrapy crawl position 命令运行爬虫，将爬取到的内容存入数据库，同时实现本地备份，返回结果部分内容如图 3.9 所示，结束标志如图 3.10 所示。图 3.9 所示为中间返回的 JSON 内容，图 3.10 所示为已完成将数据存入数据库和本地。

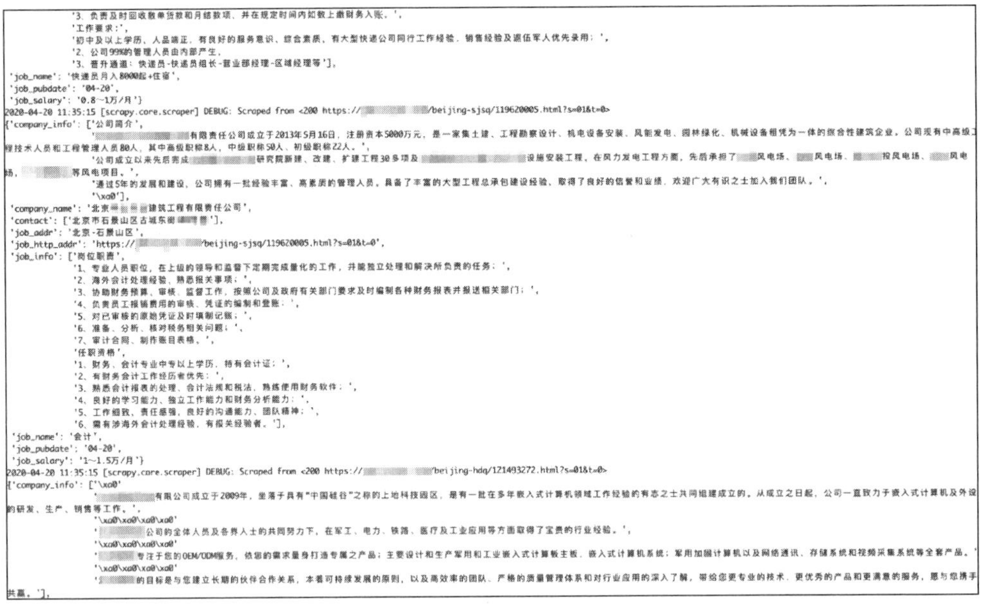

图3.9　返回结果部分内容

在 Spiders 文件夹下查看备份文件 data.txt 的本地文本内容，如图 3.11 所示。

在 MySQL 数据库中查询写入 jobdata 表的职位信息数据，如图 3.12 所示。

至此，一个使用数据库存储、使用文本文件备份的爬取数据的项目就结束了。本项目只爬取了前程无忧网站的两页数据，读者如果感兴趣可以尝试将后续数据一并爬取下来。另外，请读者思考如何将数据同时存储至其他类型的数据库中。

'company_name': '阅文集团',
'contact': ['北京东路国家会议中心写字楼E5七层'],
'job_addr': ['北京-朝阳区'],
'job_http_addr': 'https://jobs.51job.com/beijing/120295111.html?s=01&t=0',
'job_info': ['工作职责：',
    '帮助业务部门搭建并完善人员梯队，关注业务部门各类组织、层级、人员配置合理性，协助组织架构调整，并提出有效合理的建议；',
    '根据业务发展，负责部门人员招聘与配置计划，人才培养计划，员工激励与保留计划等人事工作；',
    '深入挖掘部门的业务进展及人员现状，帮助管理者有效管理团队，确保培训体系的搭建及实施；包括但不限于开展员工访谈，收集员工反馈等，以持续改善公司内部的人力资源服务和流程；',
    '企业文化氛围的打造、创建和极具创造性的工作氛围；领导交办的其他工作内容，定期完成相关数据报表设计与分析工作；',
    '任职资格：',
    '全日制本科及以上学历，互联网从业经历者优先；',
    '5年及以上同岗位工作经验，大型集团公司人力资源背景优先考虑；',
    '较强的学习能力和责任心，良好的文字处理能力及写作水平，能自我激励，具备独立处理事务的能力；',
    '熟练掌握office办公软件，精通excel；',
    '性格外向开朗，沟通表达能力强，勇于承担责任及能在压力下工作。'],
'job_name': 'HRBP',
'job_pubdate': '04-20',
'job_salary': '1.2-2.4万/月'}

图3.10　结束标志

图3.11　本地文本内容

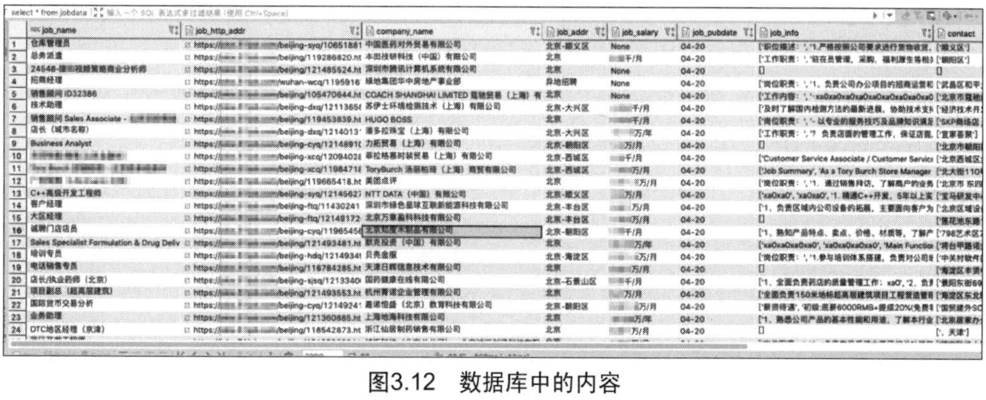

图3.12　数据库中的内容

任务 3.2 采集中国人民大学出版社图书列表

【任务描述】

采集中国人民大学出版社图书中心图书列表，提取图书列表后将数据持久化地写入本地指定文件。

【关键步骤】

（1）创建采集中国人民大学出版社图书中心图书列表项目。

（2）分析并解析图书列表 API 数据结构。

（3）将数据持久化地存储在指定的本地文本文件中。

3.2.1 JSON 结构

JSON 是一种轻量级的数据交换格式，目前使用特别广泛。JSON 采用完全独立于编程语言的文本格式来存储和表示数据。简洁和清晰的层次结构使得 JSON 成为理想的数据交换语言。JSON 易于阅读和编写代码，同时也易于机器解析和生成代码，并能有效地提高网络传输效率。

JSON 有两种表示结构：对象和数组。

1．对象结构

对象结构以"{"标识开始，以"}"标识结束。中间部分由 0 个或多个以","分隔的键值对构成，键（key）和值（value）之间以":"分隔，

语法结构如下。

```
{
    key1:value1,
    key2:value2,
    key3:value3,
    key4:value4
}
```

其中关键字类型是字符串，而值的类型可以是字符串、数值、布尔值、空值、对象或数组。值得一提的是，最后一对键值对后不加逗号。

2．数组结构

数组结构以"["标识开始，以"]"标识结束。中间部分由 0 个或多个对象结构组成，对象结构之间同样用","分隔，语法结构如下。

```
[
    {
        key1:value1,
        key2:value2
    },
    {
        key3:value3,
```

```
        key4:value4
    }
]
```

3.2.2　实训案例：采集中国人民大学出版社图书列表

采用 Scrapy 框架，采集中国人民大学出版社图书中心页面中后端服务器返回的图书列表 API，解析 API 中 JSON 数据的结构，将解析后的 JSON 数据写入指定文本文件。

1．关键步骤

（1）使用 startproject 命令创建项目。

（2）使用 genspider 命令创建爬虫文件。

（3）通过 Chrome 或 Firefox 浏览器开发者工具查看后端服务器反馈的 Ajax XHR 对象列表。

（4）梳理 API JSON 数据结构。

（5）编写爬虫 bindcourselist.py 文件。

（6）运行爬虫。

（7）将提取的图书信息持久化地存储在 JSON 文件中。

2．具体实现

（1）使用 startproject 命令创建项目

创建名为 zgrmdxtszxproject 的项目。

```
>>> scrapy startproject zgrmdxtszxproject
```

（2）使用 genspider 命令创建爬虫文件

创建名为 bindcourselist 的爬虫文件，对中国人民大学出版社图书网页进行爬取（网址以实际为准）。

```
>>> scrapy genspider bindcourselist
```

（3）查看 Ajax XHR 对象列表

通过 Chrome 或 Firefox 浏览器开发者工具打开中国人民大学出版社图书中心网页，单击 Network 面板下的 XHR 模块，可以看到后端服务器反馈的 Ajax XHR 对象列表，如图 3.13 所示。

图3.13　查看Ajax XHR对象列表

（4）梳理 API JSON 数据结构

单击 BindCourseList，通过 Preview 模块即可清楚梳理该 API 反馈的 JSON 数据结构，如图 3.14 所示。

图3.14　梳理JSON数据结构

（5）编写爬虫文件

进入项目目录，根据梳理后的 JSON 数据结构，修改爬虫 bindcourselist.py 文件内容，代码如下。

```
1.    # -*- coding: utf-8 -*-
2.    import json
3.    import scrapy
4.
5.    class BindcourselistSpider(scrapy.Spider):
6.        name="bindcourselist"
7.        allowed_domains=["www.████.com.cn/Book/BindCourseList?Keywor ds=&Page=
          1&Size=10&PageCount=594&OrderByType=&IssueDate=&Classify=&Paren t=
          &Qualifications=1.1.&Series="]
8.        start_urls=['http://www.████.com.cn/Book/BindCourseList?Keyw ords=&Page=
          1&Size=10&PageCount=594&OrderByType=&IssueDate=&Classify=&Par ent=
          &Qualifications=1.1.&Series=']
9.
10.       def parse(self,response):
11.           #返回的是 JSON 数据
12.           #转换为 Python 中的字典
13.           result=json.loads(response.text)
14.           content_list=[]
15.           if result.get('Success'):
16.               detail_data=result.get('model')
17.               # for 循环遍历数据，取出每一条数据
18.               for data in detail_data:
19.                   #取出数据
20.                   Name=data.get('Name')
21.                   ID=data.get('ID')
22.                   Date=data.get('Date')
23.                   ISBN=data.get('ISBN')
```

```
24.                        Digest=data.get('Digest')
25.                        Title=data.get('Title')
26.                        ImgUrl=data.get('ImgUrl')
27.                        Author=data.get('Author')
28.                        Author_NoSub=data.get('Author_NoSub')
29.                        Price=data.get('Price')
30.                        dict={
31.                            'Name': Name,
32.                            'ID': ID,
33.                            'Date': Date,
34.                            'ISBN': ISBN,
35.                            'Digest': Digest,
36.                            'Title': Title,
37.                            'ImgUrl': ImgUrl,
38.                            'Author': Author,
39.                            'Author_NoSub': Author_NoSub,
40.                            'Price': Price
41.                        }
42.                        scrapy.request()
43.                        content_list.append(dict)
44.
45.              return content_list
```

（6）运行爬虫

运行爬虫，执行 scrapy crawl bindcourselist 命令，如图 3.15 所示。返回的结果如图 3.16 所示。

图3.15　执行命令

（7）数据存储

执行如下命令：

```
scrapy crawl bindcourselist -o bindcourselist.json -s FEED_EXPORT_ENCODING=utf-8
```

实现将提取的图书信息持久化地存储在 JSON 文件 bindcourselist.json 中。bindcourselist.json 文件内容如图 3.17 所示。

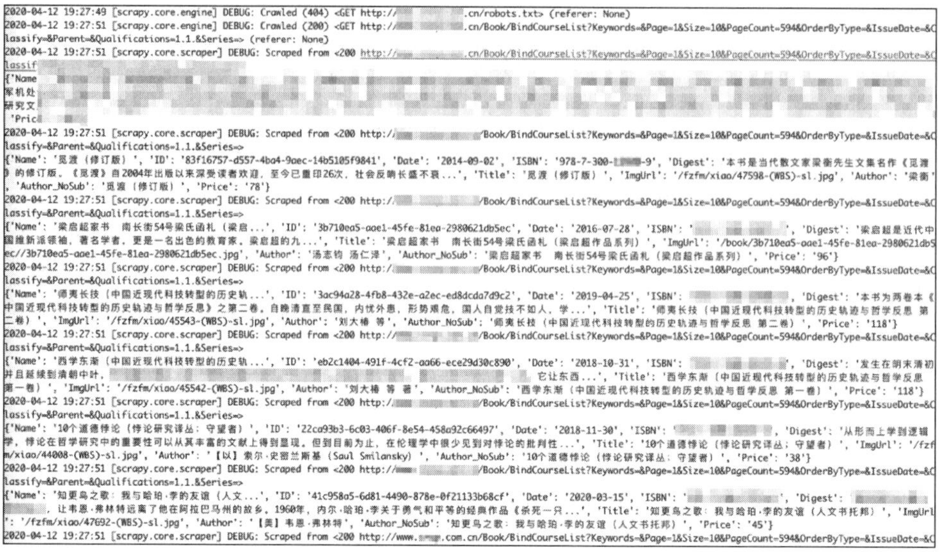

图3.16　返回的结果

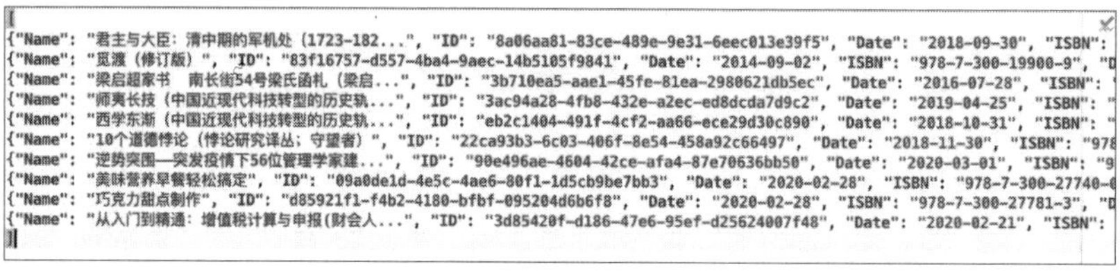

图3.17　bindcourselist.json文件内容

本章小结

➢ Scrapy 中各个组件相互通信的方式是通过 Request 对象和 Response 对象来完成的。

➢ XPath 以节点来解析文档，然后通过路径表达式定位元素，再通过 XPath 轴和运算符进一步过滤。

➢ 掌握网页翻页爬取、不同页面数据采集。

➢ 使用 Scrapy 框架中的 meta 实现不同页面数据一并采集及整合。

➢ JSON 采用完全独立于编程语言的文本格式来存储和表示数据。

本章习题

1. 简答题

（1）Request 对象中常用属性有哪些？

（2）Response 对象中常用属性有哪些？

（3）对于结构复杂的数据该用哪些工具来提取目标数据？

（4）Pipeline 的定义是什么？

2. 编程题

需求：采用 Scrapy 框架采集前程无忧招聘网站前 5 页的招聘职位列表信息以及招聘职位详情信息。将爬取并解析后的数据写入 MySQL 指定表，同时备份至本地指定文件。

使用 "Selenium+ChromeDriver" 采集动态页面

- ➤ 掌握使用 "Selenium WebDriver" 定位元素及提取元素的方法
- ➤ 掌握使用 "Selenium+ChromeDriver" 采集动态页面的方法
- ➤ 掌握使用 "Scrapy+Selenium" 采集动态页面的方法

本章任务

学习本章，读者需要完成以下两个任务。

任务 4.1 使用 "Selenium+ChromeDriver" 采集我爱我家网房源信息

本任务将介绍动态页面及其工作流程，利用 Selenium 工具及 ChromeDriver （浏览器驱动）协助采集并提取动态页面信息。同时介绍使用 "Selenium + ChromeDriver" 工具模拟解析、提取房源列表数据，并输出在控制台上。

任务 4.2 使用 "Scrapy+Selenium+ChromeDriver" 采集链家网房源信息

本任务将介绍 Scrapy 框架与 Selenium 工具结合使用采集动态页面信息。通过实训案例介绍信息采集过程，并将解析、提取的信息持久化地存入 MySQL 数据库。

本章将介绍使用 Selenium+ChromeDriver 以及 Scrapy+Selenium 两种组合方式采集动态页面，并将解析、提取的房源列表数据持久化保存到数据库中。

任务 4.1 使用 "Selenium+ChromeDriver" 采集我爱我家网房源信息

【任务描述】

本任务将介绍动态页面及其工作流程，利用 Selenium 工具及 ChromeDriver 协助采集并提取动态页面信息。同时介绍 Selenium 工具、Selenium WebDriver 常用操作、Selenium WebDriver 常用定位元素的方法、Selenium WebDriver 鼠标事件、Chrome 无界面模式（用于提高采集效率）等。最后介绍使用 "Selenium+ChromeDriver" 工具模拟用户在我爱我家网搜索 "房山" 关键词，并将解析、提取的房源列表数据输出在控制台上。

【关键步骤】

（1）了解动态页面工作流程以及常用动态页面采集方式。

（2）掌握 Selenium 工具及其安装方法。

（3）掌握安装 ChromeDriver 的方法。

（4）理解 Selenium WebDriver 概念及其工作流程。

（5）掌握 Selenium WebDriver 常用操作。

（6）掌握 Selenium WebDriver 常用定位元素的方法。

（7）了解 Selenium WebDriver 鼠标事件。

（8）掌握 Chrome 无界面模式。

（9）掌握 Selenium 延时等待的方式。

4.1.1 动态页面工作流程以及常用动态页面采集方式

第 3 章介绍的是采集静态页面，静态页面中仅有 HTML 脚本，可以通过 XPath 工具解析页面并获取指定数据。动态页面中不仅有 HTML 脚本，还有一些 JavaScript 脚本等程序代码，如果该 JavaScript 脚本的功能为动态请求数据，则无法从 HTML 脚本中解析获取。

采集动态页面的常用方式有以下两种。

➤　解析动态页面中的数据接口，一般页面中动态加载的数据由数据接口提供，再通过 Ajax 动态加载在最终 HTML 页面中。

➤　使用 Selenium 工具将动态页面中的动态数据在 HTML 脚本中加载并渲染，再通过 XPath 等工具解析动态加载的数据。

在数据采集的过程中经常会遇到因数据接口加密、网址复杂等情况，导致不能将目标数据成功采集。这时需要使用 Selenium 工具结合浏览器驱动来获取动态加载的数据。通过请求目标 URL 可以获取未被动态加载的页面脚本，此时需要通过 Selenium 工具结合浏览器驱动实现动态加载的页面脚本，再对动态加载的页面脚本进行解析，以得到目标数据。

动态页面是指在网页脚本中包含 HTML 脚本以及实现特定功能的程序脚本的网页，这些程序脚本可以使得浏览器与服务器之间进行交互，也就是说服务器可以根据浏览器的不同请求动态地生成页面脚本。动态页面可以随着时间、环境或数据库操作的结果而发生改变。

动态页面的文件扩展名一般为.asp、.aspx、.cgi、.php、.perl、.jsp 等。动态页面的实现一般以数据库技术为基础。

动态页面工作流程一般分成如下 3 步。

（1）用户根据实际需求，通过浏览器发送访问请求至 Web 服务器。

（2）服务器根据请求资源，找到动态页面的位置，根据相应的程序代码动态构建 HTML 脚本，然后通过 HTTP Response 将页面脚本传递给浏览器。

（3）浏览器接收到 HTTP Response 返回的页面脚本，显示页面内容。

4.1.2　Selenium 工具及其安装

Selenium 主要用于 Web 应用程序的自动化测试，但并不局限于此，它还支持所有基于 Web 的管理任务自动化。不少学习功能自动化的用户会首选 Selenium。

Selenium 工具是开源的，支持的浏览器包括 IE（IE7、IE8、IE9、IE10、IE11）、Firefox、Safari、Chrome、Opera 等，支持的操作系统包括 Linux、Windows、macOS。该工具对 Web 页面有良好的支持。

我们可以使用 Anaconda 安装 Selenium。具体安装方法如下。

（1）在命令提示符窗口输入 conda install selenium，并按回车键。

（2）安装完成后需要测试是否安装成功，在终端输入 python 并按回车键，执行如下代码。

```
>>> import selenium
>>> help(selenium)
```

如果出现图 4.1 所示的提示，则证明安装成功。

Selenium 本质上是通过浏览器驱动，完全模拟浏览器的操作（例如跳转、单击等操作），来获取网页渲染后的结果。故使用 Selenium 工具需要配合使用浏览器驱动。后文将介绍 ChromeDriver 如何配合 Selenium 工具采集数据。

```
Help on package selenium:

selenium

# Licensed to the Software Freedom Conservancy (SFC) under one
# or more contributor license agreements.  See the NOTICE file
# distributed with this work for additional information
# regarding copyright ownership.  The SFC licenses this file
# to you under the Apache License, Version 2.0 (the
# "License"); you may not use this file except in compliance
# with the License.  You may obtain a copy of the License at
#
#    http://█████ ██/licenses/LICENSE-2.0
#
# Unless required by applicable law or agreed to in writing,
# software distributed under the License is distributed on an
# "AS IS" BASIS, WITHOUT WARRANTIES OR CONDITIONS OF ANY
# KIND, either express or implied.  See the License for the
# specific language governing permissions and limitations
# under the License.


common (package)
webdriver (package)


3.141.0

/Users/zhouguangyu/anaconda3/envs/dataview/lib/python3.6/site-packages/selenium/__init__.py
(END)
```

图4.1　Selenium 安装成功提示

4.1.3　安装 ChromeDriver

ChromeDriver 是谷歌公司为网站开发人员提供的自动化测试接口，它是 Selenium 和 Chrome 浏览器通信的"桥梁"。

读者可以根据自己实际使用的浏览器版本，下载对应的浏览器驱动（下载网址参见本书电子资料），并将其移至系统路径。

在 ChromeDriver 下载到本地后，将其解压并复制到 usr/local/bin 目录下。命令如下。

```
mv chromedriver /usr/local/bin
```

示例 4-1：检查 ChromeDriver 是否安装正确。

通过 Selenium 工具访问搜狗网站的搜索网页，搜索关键词"Chromedriver"检查 ChromeDriver 是否安装正确。步骤如下。

（1）利用 Selenium 工具打开搜狗网站。

（2）通过 id 定位输入文本框并输入"Chromedriver"关键词。

（3）通过 id 定位搜狗搜索按钮并执行单击操作（通过 id 定位搜狗网站输入文本框及搜狗搜索按钮的分析过程参考示例 4-2）。

示例 4-1 的核心代码如下。

```
1.   from selenium import webdriver
2.   import time
3.
4.   sogou=webdriver.Chrome()
5.   #打开搜狗网站
6.   sogou.get("https://www.sogou.com/")
7.   #通过 id 定位输入文本框并输入"Chromedriver"关键词
8.   sogou.find_element_by_id("query").send_keys("Chromedriver ")
```

```
9.  #单击搜狗搜索按钮搜索
10. sogou.find_element_by_id("stb").click()
11. #等待 10 秒
12. time.sleep(10)
13. #关闭网站
14. sogou.quit()
```

如图 4.2 所示，左上角框内部分显示 "Chrome 正受到自动测试软件的控制。" 即表示 ChromeDriver 安装成功。

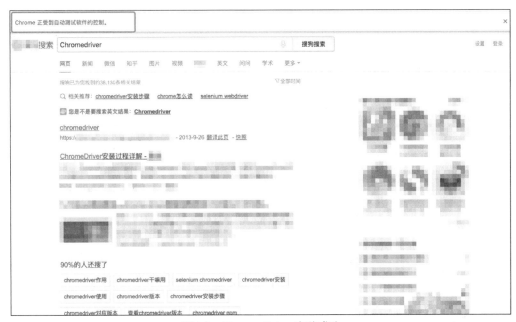

图4.2 ChromeDriver安装成功

4.1.4 Selenium WebDriver 概念及其工作流程

Selenium WebDriver 是 Selenium Tool 套件中非常重要的组件。WebDriver 是按照服务端—客户端的经典设计模式设计的。

服务端就是远程服务器，可以是任意的浏览器。当利用编写的脚本启动浏览器后，该浏览器就是远程服务器，它主要负责等待客户端发送请求并做出响应。

简单来说，客户端就是测试代码，测试代码中的一些行为，例如打开浏览器、访问指定的 URL 等操作是以 HTTP 请求的方式发送给远程服务器。远程服务器接收请求后，执行请求中的相应操作，并在 Response 对象中返回执行状态、返回值等信息。

使用 WebDriver 执行测试脚本，内部执行操作步骤如下。

（1）生成 HTTP 请求并将其发送到每个 Selenium 命令对应的浏览器驱动程序。

（2）驱动程序通过 HTTP 服务器接收 HTTP 请求。

（3）HTTP 服务器决定执行在浏览器上执行的指令的所有步骤。

（4）执行状态将被发送回 HTTP 服务器，随后被发送回自动化脚本。

使用 Selenium 工具模拟浏览器操作的步骤如下。

（1）创建浏览器对象，如使用 webdriver.chrome()创建 Chrome 浏览器对象。

（2）实现模拟浏览器的一些方法（具体方法后文将详细介绍），如打开某网址、单击某个元素，或者滑动浏览器滑动条等操作。

（3）使用 webdriver.chrome().quit()关闭浏览器或者选项卡。

4.1.5　Selenium WebDriver 常用操作

通过 Selenium WebDriver 定位到元素后会涉及使用一些操作以满足不同需要，主要有以下两类操作。

（1）浏览器常用操作如下。

➢ get()：访问 URL。

➢ close()：关闭当前页面。

➢ back()：后退到上一页。

➢ refresh()：刷新浏览器。

➢ forward()：前进到下一页。

➢ quit()：退出驱动关闭所有页面。

➢ maximize_window()：最大化浏览器。

（2）页面元素交互操作如下。

➢ clear()：将输入的数据清空。

➢ click()：鼠标单击事件。

➢ send_keys()：在网页中的文本框内输入数据。

➢ text()：获取指定元素的文本数据。

➢ enter()：触发回车操作。

➢ page_source()：获取当前页面的 HTML 脚本数据。

4.1.6　Selenium WebDriver 常用定位元素的方法

通过 Selenium WebDriver 工具爬取指定页面的 URL 获取返回的 HTML 脚本后，可以通过 Selenium WebDriver 内置好的元素解析方法来提取采集数据。Selenium WebDriver 常用定位元素的方法有以下 4 种。

（1）find_element_by_id()：通过 id 属性来定位元素。

（2）find_element_by_name()：通过 name 属性来定位元素。

（3）find_element_by_xpath()：通过 XPath 语言来定位元素。

（4）find_element_by_link_text()：通过文本链接来定位元素。

通过 id 和 name 属性定位元素是较常用的定位方式，因为大多数控件都有这两个属性，而且在对控件的 id 和 name 命名时一般为使其有意义会取不同的名字。使用这两个属性使我们找寻一个页面上的属性变得相当容易。

示例 4-2：通过 Selenium WebDriver 工具定位。

通过 Selenium WebDriver 工具访问搜狗网站搜索主页（网址参见本书电子资料）来

演示定位输入文本框，在输入文本框中输入"Selenium WebDriver"关键词，并单击搜狗搜索按钮的。具体操作如下。

（1）通过 id 属性定位输入文本框、搜狗搜索按钮。

（2）通过 name 属性定位输入文本框。

（3）通过 XPath 语言定位输入文本框。

（4）通过文本链接定位"新闻"文本链接。

示例 4-2 的具体实现如下。

首先通过浏览器开发者工具定位搜狗网站输入文件框的位置（见图 4.3）及搜狗搜索按钮的位置（见图 4.4）。

图4.3　输入文本框定位

图4.4　搜狗搜索按钮定位

通过 id="query"定位输入文本框，通过 id="stb"定位搜狗搜索按钮，核心代码如下。

```
1.  from selenium import webdriver
2.  import time
3.
4.  sogou=webdriver.Chrome()
5.  #打开搜狗网站
6.  sogou.get("https://www.sogou.com/")
7.  #通过 id 定位输入文本框的位置并输入"Selenium Webdriver"关键词
8.  sogou.find_element_by_id("query").send_keys("Selenium Webdriver")
9.  #单击搜狗搜索按钮
10. sogou.find_element_by_id("stb").click()
11. #等待 3 秒
12. time.sleep(3)
13. #关闭网站
14. sogou.quit()
```

通过 name="query"来定位输入文本框，核心代码如下。

```
1.  #通过 name 属性定位输入文本框的位置并输入"Selenium Webdriver"关键词
2.  sogou.find_element_by_name("query").send_keys("Selenium Webdriver")
```

通过 xpath="//*[@id='query']"来定位输入文本框，核心代码如下。

```
1.  #通过 XPath 语言定位输入文本框的位置并输入"Selenium Webdriver"关键词
2.  sogou.find_element_by_xpath("//*[@id='query']").send_keys("Selenium Webdriver")
```

通过 link_text="新闻"来定位"新闻"文本链接，核心代码如下。

```
1.  from selenium import webdriver
2.  import time
3.
4.  sogou=webdriver.Chrome()
5.  #打开搜狗网站
6.  sogou.get("https://www.sogou.com/")
7.  #通过 link_text 定位"新闻"这个链接并单击
8.  sogou.find_element_by_link_text("新闻").click()
9.  #等待 1 秒
10. time.sleep(1)
11. #关闭网站
12. sogou.quit()
```

4.1.7　Selenium WebDriver 鼠标事件

在示例 4-1 中，我们模拟用户在搜狗网站搜索关键词的操作，使用 click()来模拟鼠标单击操作。现在大量的 Web 网站中提供了丰富的鼠标交互方式，例如鼠标右击、双击、悬停、拖动等功能。在 WebDriver 中，这些鼠标操作的方法被封装在 ActionChains 类中。ActionChains 类中常用的鼠标操作方法如下。

➢ perform()：执行所有 ActionChains 中存储的行为，可以理解为提交整个操作的动作。

➢ click()：单击鼠标左键。

➢ context_click()：右击。

➢ double_click()：双击鼠标左键。

➢ drag_and_drop()：用鼠标拖动（拖动到某个元素后松开）。

➢ move_to_element()：鼠标指针悬停（将鼠标指针移动到某个元素上）。

关于这些鼠标操作方法的使用，核心代码如下。

```
1.  #定位到要单击的元素
2.  click=driver.find_element_by_xpath("xxx")
3.  #对定位到的元素执行单击操作
4.  ActionChains(driver).click(click).perform()
5.  #定位到要右击的元素
6.  context_click=driver.find_element_by_xpath("xxx")
7.  #对定位到的元素执行右击操作
8.  ActionChains(driver).context_click(context_click).perform()
9.  #定位到要双击的元素
10. double_click=driver.find_element_by_xpath("xxx")
11. #对定位到的元素执行双击操作
12. ActionChains(driver).double_click(double_click).perform()
13. #定位到要悬停的元素
14. move_to_element=driver.find_element_by_xpath("xxx")
15. #对定位的元素执行鼠标悬停操作
16. ActionChains(driver).move_to_element(move_to_element).perform()
17. #定位到元素的初始位置
18. old_move_to_element=driver.find_element_by_xpath("xxx")
19. #定位到元素要移动到的目标位置
20. new_move_to_element=driver.find_element_by_xpath("xxx")
21. #执行元素的拖动操作
22. ActionChains(driver).drag_and_drop(old_move_to_element,new_move_to_element).
    perform()
```

4.1.8　Chrome 无界面模式

Selenium 工具在采集动态页面数据的过程中会自动打开浏览器并执行指定操作。在并行采集动态页面数据的情况下，Selenium 会占用服务器大量物理资源。为了提高 Selenium 工具的采集效率，减少占用的服务器资源，可以使用无界面浏览器，这样不必打开浏览器，就能使所有操作在后台执行。一般情况下使用 Chrome 无界面模式。

Chrome 各版本都自带无界面模式。无界面模式主要负责在无界面模式下运行浏览器，这在很大程度上解决了服务器资源紧张的问题。实现无界面模式只需在创建 driver 时添加一个参数即可。其核心代码如下。

```
1.  from selenium import webdriver
2.  options=webdriver (.ChromeOptions)
3.  options.add_argument('--headless')
4.  driver=webdriver.Chrome (options=options)
```

读者可以修改示例 4-1 中的代码，将该代码修改为无界面模式的代码，则不会弹出搜狗搜索页面。

4.1.9　Selenium 延时等待的方式

在实际使用 Selenium 的过程中，等待页面动态加载元素结束，特别是 Web 端的加载过程，都需要用到延时等待，而设置等待方式是保证脚本稳定、有效执行的一个非常重要的手段。

Selenium 延时等待方式分为 3 种：强制等待（sleep()）、隐式等待（implicitly_wait()）、显式等待（WebDriverWait()）。

1．强制等待

强制等待可指定休眠时间使程序强制等待。Python 中的 time 包支持休眠方法 sleep()，导入 time 包后即可使用 sleep()方法，该方法负责使执行中的程序进入强制休眠状态。示例代码如下。

```
1.  from time import sleep
2.  #传入休眠时间 5 秒
3.  sleep(5)
```

2．隐式等待

隐式等待可指定浏览器在固定时间内加载完成后才可继续执行下一步操作。如果超出了设置的指定时间则抛出异常。隐式等待对整个 Driver 生命周期都有效，故只需要设置一次。示例代码如下。

```
1.  from selenium import webdriver
2.  #获取浏览器驱动对象
3.  driver=webdriver.Chrome()
4.  #隐式等待，设置 10 秒等待时间
5.  driver.implicitly_wait(10)
```

3．显式等待

显式等待可使 WebDriver 等待某个条件成立时继续执行，否则在达到最大时长时抛出超出时间异常（TimeoutException）。示例代码如下。

```
1.  from selenium.webdriver.support import expected_conditions as EC
2.  from selenium.webdriver.common.by import By
3.  #传入浏览器驱动对象、等待时间、刷新时间间隔（默认为 1 秒）
4.  WebDriverWait(driver,10,1).until(EC.presence_of_element_located((By.ID,'xx')))
```

4.1.10　实训案例：采集我爱我家网"房山"的房源信息

使用 Selenium 工具采集我爱我家网二手房源信息。模拟用户在二手房源网站上搜索"房山"关键词，单击"搜索"按钮，爬取并解析房山地区的二手房源信息数据，然后将其输出在控制台上。爬虫过程中会用到 Selenium WebDriver、XPath、lxml 等方面的知识。

1．关键步骤

（1）通过 PyCharm 编程工具创建一个项目。

（2）通过 Selenium WebDriver 定位输入文本框元素的位置及"搜索"按钮元素的位置。

（3）模拟用户在输入文本框内输入关键词"房山"后，单击"搜索"按钮。

（4）采集并解析与房山相关的二手房源信息数据，并输出在控制台上。

2．具体实现

（1）通过 PyCharm 编程工具创建一个工程，将其命名为 wawjproject。

（2）查看二手房房源网站页面 HTML 脚本，定位、分析输入文本框元素的位置及搜索按钮元素的位置。

通过 Chrome 或 Firefox 浏览器的开发者工具打开二手房房源信息列表页，单击 Network 面板下的 ALL 模块，列表中的第一个 URL 链接就是招聘职位列表页面的 GET 请求，在 Response 功能模块下可查看 URL 链接返回的页面 HTML 脚本，根据分析可知 id="ershoufang" 的 input 文本框即输入文本框（见图 4.5），class="btn-search"的 button 元素即"搜索"按钮。

图4.5　定位输入文本框

（3）在输入文本框内输入"房山"关键词，单击"搜索"按钮，即可查看房山地区的二手房源列表，分析该脚本中需采集的元素结构及位置。

根据该网页的 HTML 脚本，可分析得出二手房房源标题、二手房房屋基本状况信息、二手房一级地址描述信息、二手房二级地址描述信息、二手房三级地址描述信息、二手房信息发布时间及看房次数信息的结构信息，如图 4.6 所示。

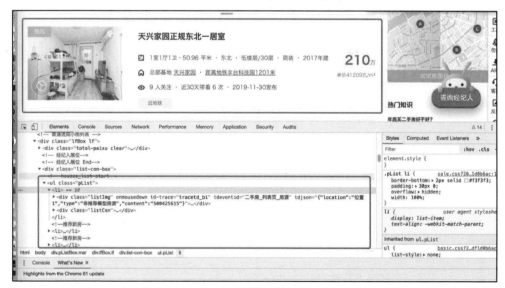

图4.6　元素结构信息

（4）编写 Python 脚本。

在 wawjproject 项目中新建一个空的 Python 文件，命名为 wawjproject.py。具体代码如下。

```python
1.  from selenium import webdriver
2.  import time
3.  from lxml import etree
4.  from selenium.webdriver import ActionChains
5.
6.
7.  class Wawj:
8.      def _init_(self):
9.          #定义浏览器驱动
10.         options=webdriver.ChromeOptions()
11.         options.add_argument('--headless')
12.         self.driver=webdriver.Chrome(options=options)
13.         self.driver.maximize_window()
14.         self.url="https://bj.    .com/ershoufang/"
15.
16.     def search(self , keywords):
17.         #打开浏览器页面
18.         self.driver.get(self.url)
19.         #在文本框中输入关键词
20.         self.driver.find_element_by_id("ershoufang").send_keys(keywords)
21.
22.         #单击"搜索"按钮
23.         #self.driver.find_element_by_class_name("btn-search").click()
24.         ActionChains(self.driver).click(self.driver.find_element_by_class_name
            ("btn-search")).perform()
25.
26.         #等待 2 秒
27.         time.sleep(2)
28.         #获取页面 HTML 脚本
29.         page_html=self.driver.page_source
30.         #关闭浏览器
31.         self.driver.quit()
32.
33.         return page_html
34.     def parse_html(self,page_html):
35.         #分析 HTML 脚本，返回 DOM 根节点
36.         html=etree.HTML(page_html)
37.         #获取当前页面全部房源列表对象
38.         div_li_list=html.xpath('//div[@class="list-con-box"]/ul/li')
39.         for li in div_li_list:
40.             data=dict()
41.             #二手房房源标题
42.             data['title']=li.xpath('.//div[@class="listCon"]/h3[@class=
```

```
                  "listTit"]/a/text()')[0]
43.                #二手房房屋基本状况信息
44.                data['descinfo']=li.xpath('.//div[@class="listX"]/p[1]/text()')[0]
45.                #二手房一级地址描述信息
46.                data['addr_1']=li.xpath('.//div[@class="listX"]/p[2]/text()')[0]
47.                #二手房二级地址描述信息
48.                data['addr_2']=li.xpath('.//div[@class="listX"]/p[2]/a[1]/text()')[0]
49.                #二手房三级地址描述信息
50.                data['addr_3']=li.xpath('.//div[@class="listX"]/p[2]/a[2]/text()')[0]
51.                #二手房信息发布时间及看房次数信息
52.                data['i_03']=li.xpath('.//div[@class="listX"]/p[3]/text()')[0]
53.                print(data)
54.
55. if_name_=" main ":
56.     Wawj = Wawj()
57.     #搜索"房山"关键词
58.     page_html=Wawj.search("房山")
59.     Wawj.parse_html(page_html)
```

（5）运行 wawjproject.py 文件。

在控制台上即可查看爬取结果，如图 4.7 所示。

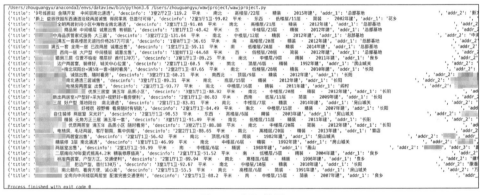

图4.7 爬取结果

在本实训案例中，使用"Selenium+ChromeDriver"工具模拟用户在二手房源网站上搜索"房山"关键词，并单击"搜索"按钮的操作，获取搜索结果页面的 HTML 脚本后，在 parse_html()方法中使用 lxml、XPath 进行数据解析及提取，并将提取到的二手房源信息字段数据在控制台上输出。

任务 4.2 使用"Scrapy+Selenium+ChromeDriver"采集链家网房源信息

【任务描述】

本任务将介绍 Scrapy 框架与 Selenium 工具结合使用采集动态页面信息。最后通过

4 Chapter

实训案例介绍使用"Scrapy+Selenium+ChromeDriver"等工具模拟用户在链家网搜索"房山"关键词，并将解析、提取的房源列表数据持久化地存入 MySQL 数据库。

【关键步骤】

了解 Scrapy 框架与 Selenium 工具采集动态页面的结合过程。

4.2.1 Scrapy 框架与 Selenium 工具结合使用采集动态页面的过程

在 Scrapy 框架中，爬虫文件在获取需请求的 URL 时，先经过下载器中间件，再去请求 URL，利用中间件里的 process_request()方法对每个爬取请求进行处理。我们可以在 process_request()方法中，嵌入 Selenium 工具，来启动浏览器并进行页面渲染，再将渲染后的结果构造一个 HtmlResponse 对象返回。

4.2.2 实训案例：采集链家网房源信息

利用 Scrapy 框架结合 Selenium 工具，采用无界面模式，模拟用户在链家网搜索"房山"关键词，并将解析、提取的房源列表数据持久化地存入 MySQL 数据库。

具体实现如下。

由于本示例与 4.1.10 小节实训案例的网站内容分析过程基本一致，因此本示例省略分析部分。

（1）使用 startproject 命令创建项目

使用 startproject 命令创建采集链家网房源信息项目，名称为 lianjia_selenium_scrapy_project。

命令如下。

```
>>> scrapy startproject lianjia_selenium_scrapy_project
```

分析链家网的二手房源列表信息网站结构后，确认需采集字段并编写 items.py 文件，核心代码如下。

```
1.   # -*- coding: utf-8 -*-
2.   #Define here the models for your scraped items
3.   #See documentation in:
4.   #http://doc._____.org/en/latest/topics/items.html
5.   import scrapy
6.   class LianjiaSeleniumScrapyProjectItem(scrapy.Item):
7.       #define the fields for your item here like:
8.       #name=scrapy.Field()
9.       #二手房源标题
10.      title=scrapy.Field()
11.      #标签
12.      tag=scrapy.Field()
13.      #地址 addr_1
14.      addr_1=scrapy.Field()
15.      #地址 addr_2
16.      addr_2=scrapy.Field()
17.      #二手房房源信息
18.      houseInfo=scrapy.Field()
```

```
19.     #二手房房源关注度
20.     starIcon=scrapy.Field()
21.     #二手房房源价格
22.     totalPrice=scrapy.Field()
23.     #二手房房源单价
24.     unitPrice=scrapy.Field()
25.     pass
```

（2）创建爬虫文件

编写 lianjia_selenium_scrapy.py 爬虫文件，核心代码如下。

```
1.  # -*- coding: utf-8 -*-
2.  import scrapy
3.  from selenium import webdriver
4.  from lianjia_selenium_scrapy_project.items import LianjiaSeleniumScrapyProjectItem
5.  class LianjiaSeleniumScrapySpider(scrapy.Spider):
6.      name="lianjia_selenium_scrapy"
7.      allowed_domains=["bj.          .com"]
8.      start_urls=['https://bj.          .com/ershoufang/']
9.      def __init__(self):
10.         options=webdriver.ChromeOptions()
11.         options.add_argument('headless')
12.         self.driver=webdriver.Chrome(chrome_options=options)
13.         self.driver.maximize_window()
14.     def close(self , spider):
15.         self.driver.quit()
16.         print("结束")
17.     def parse(self, response):
18.         #获取当前页面全部房源列表对象
19.         div_li_list=response.xpath('//*[@id="content"]/div[@class="leftContent"]/
            ul[@class="sellListContent"]/li')
20.         for li in div_li_list:
21.             #二手房房源标题
22.             title=li.xpath('.//div[@class="info clear"]/div[@class="title"]/
                a/text()').extract_first()
23.             #标签
24.             tag=li.xpath('.//div[@class="info clear"]/div[@class="title"]/
                span/text()').extract_first()
25.             #地址 addr_1
26.             addr_1=li.xpath('.//div[@class="info clear"]/div[@class="flood"]/div
                [@class="positionInfo"]/ a[1]/text()').extract_first()
27.             #地址 addr_2
28.             addr_2=li.xpath('.//div[@class="info clear"]/div[@class="flood"]/
                div[@class="positionInfo"]/a[2]/text()').extract_first()
29.             #二手房房源信息
30.             houseInfo=li.xpath('.//div[@class="info clear"]/div[@class=
                "address"]/div[@class="houseInfo"]/text()').extract_first()
31.             #二手房房源关注度
32.             starIcon=li.xpath('.//div[@class="info clear"]/div[@class=
                "followInfo"]/text()').extract_first()
33.             #二手房房源价格
```

```
34.        totalPrice=li.xpath('.//div[@class="info clear"]/div[@class=
           "priceInfo"]/div[@class="totalPrice"]/span/text()').extract_first()
35.        #二手房房源单价
36.        unitPrice=li.xpath('.//div[@class="info clear"]/div[@class=
           "priceInfo"]/div[@class="unitPrice"]/span/text()').extract_first()
37.        item=LianjiaSeleniumScrapyProjectItem()
38.        item['title']=title
39.        item['tag']=tag
40.        item['addr_1']=addr_1
41.        item['addr_2']=addr_2
42.        item['houseInfo']=houseInfo
43.        item['starIcon']=starIcon
44.        item['totalPrice']=totalPrice
45.        item['unitPrice']=unitPrice
46.        yield item
```

在 Spider 的整个运行过程中，Spider 初始化的过程中会运行、加载 init()方法以达到加载参数的目的，故创建 WebDriver 的代码写在 init()方法中。由于 Spider 在结束采集时会自动调用 close()方法，因此将关闭浏览器的操作定义在 close()方法中。

编写 pipelines.py，核心代码如下。

```
1.  # -*- coding: utf-8 -*-
2.  # Define your item pipelines here
3.  # Don't forget to add your pipeline to the ITEM_PIPELINES setting
4.  # See: http://doc.scrapy.org/en/latest/topics/item-pipeline.html
5.  import pymysql
6.  # PipelineToMysql 负责将链家网二手房房源信息持久化地存入本地文本文件
7.  class PipelineToMysql(object):
8.      # MySQL 的连接对象声明
9.      conn=None
10.     # MySQL 的游标对象声明
11.     cursor=None
12.     def open_spider(self,spider):
13.         print('持久化落地 MySQL 入库开始')
14.         #连接数据库
15.         self.conn=pymysql.Connect(host='172.16.30.76',port=3306,user='root',
                password='Zstx@2019',db='xzcf_data',charset='utf8')
16.     #编写向数据库中存储数据的相关代码
17.     def process_item(self, item, spider):
18.         #链接数据库
19.         #执行 sql 语句
20.         sql='insert into lianjia_ershouhouse_data values("%s","%s","%s","%s",
                "%s","%s","%s", "%s")'%(str(item['title']),str(item['tag']),
                str(item['addr_1']),str(item['addr_2']),str(item['houseInfo']),str
                (item['starIcon']),str(item['totalPrice']),str(item['unitPrice']))
21.         self.cursor=self.conn.cursor()
22.         #执行事务
23.         try:
24.             self.cursor.execute(sql)
25.             self.conn.commit()
26.         except Exception as e:
```

```
27.            print(e)
28.            self.conn.rollback()
29.        return item
30.    #结束爬虫时，执行一次
31.    def close_spider(self,spider):
32.        print('链家二手房源信息持久化写入 MySQL 数据库完毕')
33.        self.cursor.close()
34.        self.conn.close()
```

编写 middleware.py 文件，核心代码如下。

```
1.  class LianjiaSeleniumScrapyProjectSpiderMiddleware(object):
2.  #Not all methods need to be defined. If a method is not defined,
3.  #scrapy acts as if the spider middleware does not modify the
4.  #passed objects
5.  def process_request(self,request,spider):
6.      driver=spider.driver
7.      driver.get(request.url)
8.      #在输入文本框中输入关键词
9.      driver.find_element_by_id("searchInput").send_keys("房山")
10.     #单击"搜索"按钮
11.     driver.find_element_by_class_name("searchButton").click()
12.     #等待 2 秒
13.     time.sleep(2)
14.     #获取页面 HTML 脚本
15.     page_html=driver.page_source
16.     #将浏览器页面渲染后的结果构造一个 HtmlResponse 对象并将其返回
17.     return HtmlResponse(url=request.url,body=page_html,request=request,
        encoding='utf-8',status=200)
```

在 LianjiaSeleniumScrapyProjectSpiderMiddleware 类的 process_request()方法中包含 spider 参数，该参数代表爬虫的初始化对象，该初始化对象中加载了 init()方法中的所有属性，故可以直接调用通过 spider.driver 操作实例化的 WebDriver。

设置 settings.py 文件中的 ITEM_PIPELINES 参数及 DOWNLOADER_MIDDLEWARES 参数，核心代码如下。

```
1.  ITEM_PIPELINES={
2.      'lianjia_selenium_scrapy_project.pipelines.PipelineToMysql': 300,
3.  }
4.  DOWNLOADER_MIDDLEWARES={
5.      'lianjia_selenium_scrapy_project.middlewares.LianjiaSeleniumScrapyProject
        SpiderMiddleware': 543,
6.  }
7.  ROBOTSTXT_OBEY=False
```

在 MySQL 数据库中创建 lianjia_ershouhouse_data 表结构脚本，核心代码如下。

```
1.  CREATE TABLE 'lianjia_ershouhouse_data' (
2.  'title' text,
3.  'tag' text,
4.  'addr_1' text,
5.  'addr_2' text,
6.  'houseInfo' text,
7.  'starIcon' text,
```

```
8.  'totalPrice' text,
9.  'unitPrice' text
10. ENGINE=InnoDB DEFAULT CHARSET=utf8mb4
```

（3）运行爬虫

执行 scrapy crawl lianjia_selenium_scrapy 命令运行爬虫，将爬取的内容写入数据库。爬虫运行完毕，结果如图 4.8 所示。持久化地写入 MySQL 数据库的部分数据如图 4.9 所示。

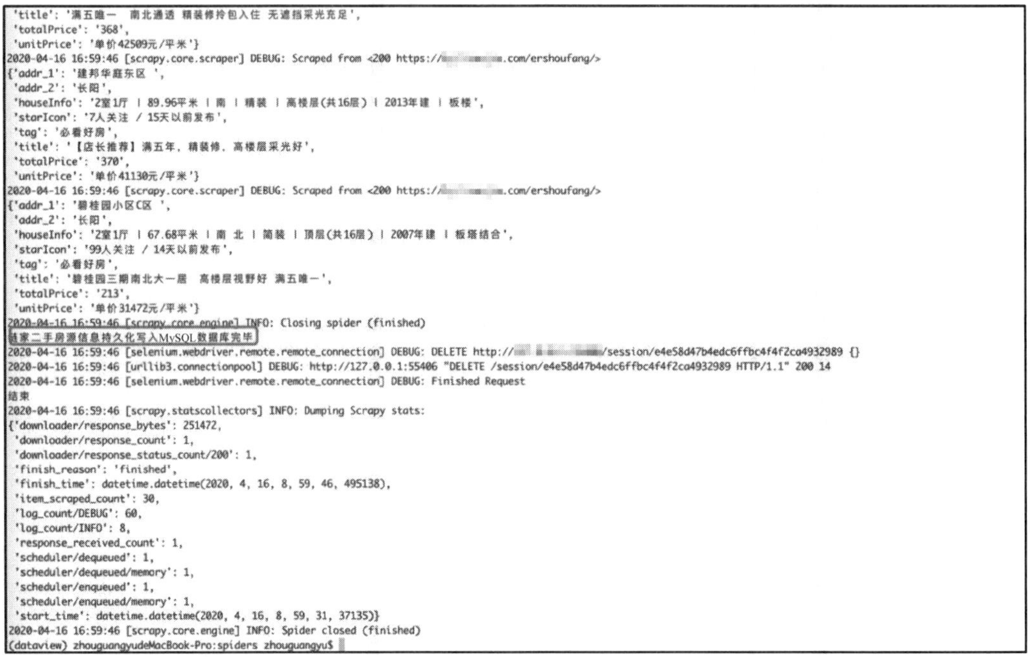

图4.8　爬虫运行结果

图4.9　持久化地写入MySQL数据库的部分数据

至此，一个使用"Scrapy+Selenium+ChromeDriver"等工具创建的爬虫项目建设完毕。Scrapy 与 Selenium 结合使用的总结说明如下。

➤ 在 lianjia_selenium_scrapy.py 爬虫文件的构造函数中创建了 Selenium 的 driver() 方法。

➢ 在 middleware.py 文件中创建了 process_request()方法,在该方法中提供了 request 和 spider 参数,用于获取 Request 和 Spider 的属性。在该方法中,根据 Spider 对象的 Driver 和 Request 对象中的 URL 属性,访问链家网网站,模拟用户输入"房山"并单击"搜索"按钮的交互动作,将渲染后的 Response 对象返回。

➢ 在 lianjia_selenium_scrapy.py 爬虫文件的 close()方法中关闭 driver 服务。

本章小结

➢ 采集动态页面常用方式有两种。

第一种:解析动态页面中的数据接口。一般页面中动态加载的数据由数据接口提供,再通过 Ajax 将其动态加载在最终 HTML 页面中。

第二种:使用 Selenium 工具将动态页面中的动态数据在 HTML 脚本中加载并渲染,再通过 XPath 等工具解析动态加载的数据。

➢ 掌握 Scrapy 框架与 Selenium 工具结合使用采集动态页面的过程。

本章习题

1. 简答题

(1)常用采集动态页面的方式有哪些?

(2)什么是 Selenium WebDriver?

(3)Selenium WebDriver 工具中常用的页面元素交互操作有哪些?

(4)Selenium WebDriver 工具中常用的元素定位方式有哪些?

(5)Selenium 延时等待的方式有哪些?

2. 编程题

需求:基于"Scrapy+Selenium+ChromeDriver"工具,采用无界面模式,模拟用户在链家网搜索"房山"关键词,并将解析、提取的房源列表数据持久化地存入本地文件。

第 5 章

App 数据采集

技能目标

- ➤ 了解爬取 App 数据的方法
- ➤ 掌握 Charles 网络监听工具的使用方法
- ➤ 掌握 Charles 代理爬取移动端 HTTPS 请求的步骤

本章任务

学习本章，读者需要完成以下两个任务。

任务 5.1　用 Scrapy 框架采集柠檬兼职 App 首页热门推荐兼职信息

使用 Charles 抓包工具监听、爬取、分析柠檬兼职 App 首页热门推荐前两页的兼职信息数据接口。使用 Scrapy 框架爬取所需信息并将信息在控制台上输出。

任务 5.2　用 Scrapy 框架采集中华英才网 App 的企业库信息

使用 Charles 抓包工具监听、爬取、分析中华英才网 App 的企业库信息数据接口。使用 Scrapy 框架爬取中华英才网 App 的企业库信息数据，并将所需信息在控制台上输出。

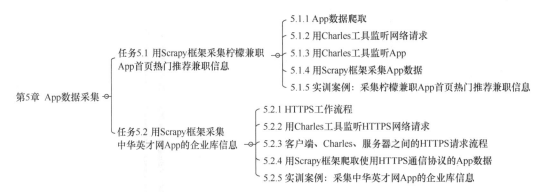

　　"PC 时代"从本质上讲是计算机和计算机的联网，个人的计算机通过服务器相连。现在，人们正处于"移动互联网时代"，通过手机就可以实现互相联网。5G 网络能实现将所有的计算机、智能终端连接到一起，实现万物互联。在由 PC 时代转向移动互联网时代的过程中，采集移动端数据的需求日益增多，有些企业的产品在互联网上根本没有提供 PC 端的访问入口，这些企业专注于发布 App 产品。也就是说，有些数据是 App 上独有的有价值的数据。本章将介绍使用 Scrapy 框架爬取移动端应用数据。

任务 5.1　用 Scrapy 框架采集柠檬兼职 App 首页热门推荐兼职信息

【任务描述】

　　使用 Charles 抓包工具监听、爬取、分析柠檬兼职 App 首页热门推荐前两页的兼职信息数据接口。使用 Scrapy 框架爬取柠檬兼职 App 首页热门推荐前两页的兼职信息，将兼职唯一标识、兼职标题、工作类型、结薪方式、兼职薪酬在控制台上输出。

【关键步骤】

（1）了解 App 数据爬取的意义。

（2）了解 App 与服务器的通信过程。

（3）掌握使用 Charles 工具监听 HTTP 请求的方法。

（4）配置 Charles 工具监听 App 的数据接口请求。

（5）使用 Charles 工具分析柠檬兼职 App 首页热门推荐兼职信息数据接口。

（6）使用 Scrapy 框架爬取柠檬兼职 App 前两页热门推荐信息数据。

5.1.1　App 数据爬取

1. App 数据爬取简介

　　移动互联网的兴起，使得采集 App 的数据的需求越来越多。在当前互联网环境下，移动端越来越受大众重视，移动端内容丰富且体验较好。

在采集网站端数据的过程中，我们通过浏览器访问指定页面的 URL 链接查看页面内容。若该页面是静态页面，则可以通过 Chrome 浏览器的开发者工具查看并分析页面结构。如果该页面是动态页面，则可以通过开发者工具分析页面中的 Ajax 请求的 API 数据接口。故当客户端为浏览器时，使用浏览器的开发者工具更利于提取、分析网页中有价值的数据。而当客户端为 App 时，我们无法直观地获取服务端提供的接口数据。有些企业 App 上拥有大量的有价值的数据，这类 App 往往拥有完善的数据加密举措，若想采集这类 App 中的数据，则需破解数据加密规则，因此大大增加了采集 App 数据的难度。但是用户不必过多担心，对于大部分 App 还是可以通过一定技术及抓包工具达到采集数据的目的的。

2．App 与服务端的通信过程

在 App 与服务端通信的过程中，常用的网络协议为 HTTP 及 HTTPS。服务端在接到 App 客户端的 HTTP 请求后，根据请求需求加工数据后，返回数据以 JSON 格式反馈给 App 客户端。App 客户端接收到 JSON 结构的数据后，将数据经过处理展现在 App 的相应功能界面中。App 客户端与服务端通信的过程如图 5.1 所示。

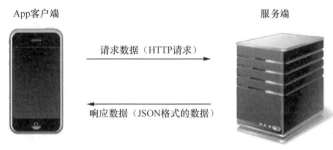

图5.1　App客户端与服务端通信的过程

在数据传输的实际应用过程中，大部分 App 在传输数据格式上采用 JSON 格式，采用 JSON 格式可以提升数据的传输效率。一些企业开发的 App 中可能包含企业内部有价值的敏感信息，从数据安全的角度考虑，要防止这部分数据泄露。一般会在 App 客户端与服务端通信的过程中，采用如下两种方式保证数据的安全。

➢ 在 App 客户端发送 HTTP 请求之前，将 URL 关键参数通过加密算法进行加密，服务端接收到请求后，根据相应的解密算法对关键参数进行解密，防止数据通过网络接口被拦截获取。

➢ 在服务端返回 App 客户端请求的数据之前，通过一定的加密算法将返回数据进行加密，App 客户端接收到返回数据后，根据相应的解密算法将数据解密并展示在 App 的功能界面中。

前文介绍了爬取网页数据的分析过程，我们可以通过浏览器的开发者工具获取并分析服务器返回的数据。若返回的数据是 HTML 脚本，则可以通过 XPath 等工具定位、解析指定信息；如果返回的数据是 JSON 格式的数据，则可以通过 JSON 工具定位、解析指定信息。App 客户端不可以直接在浏览器中获取数据，在此需要利用网络请求监听工具来获取 App 请求的 API 数据。网络请求监听工具也就是常说的抓包工具，在实际工作中，常用的 App 抓包工具有：Fiddler、Wireshark、Charles 等。由于 Charles 工具操作方便，是目前非常流行的一款抓包工具。本章将主要介绍如何使用 Charles 工具获取 App 的 HTTP 请求。

在使用 Charles 工具爬取 App 请求数据的过程中，通常会遇到访问某一个功能界面时，同时接收到多个 HTTP 响应数据接口的情况，我们需要知道这些返回的接口中哪个是我们需要获取的 API。定位到 API 后我们需要总结、分析数据接口的规律，分析出关键参数，如翻页页码等参数，然后就可以通过 Scrapy 框架爬取数据。下面将详细介绍这一过程。

5.1.2 用 Charles 工具监听网络请求

从 5.1.1 小节中可知，想要爬取 App 请求数据，首先需要借助第三方网络请求监听工具，接下来我们将介绍如何使用 Charles 工具监听并分析 App 请求数据的接口。

1. 什么是 Charles 抓包工具

Charles 抓包工具是目前非常流行且操作方便的一款网络请求监听工具，我们在爬取移动端数据的过程中，为了爬取服务端的资料等，通常需要利用抓包工具来分析需爬取的移动端 API。Charles 抓包工具通过将自己设置成当前系统的网络访问代理服务器，使所有通过系统的网络访问请求都通过它来完成，从而实现网络请求的分析和爬取的目的。Charles 工具是一款收费软件，安装后可以免费试用 30 天，建议读者试用正版 Charles 软件。

当 Charles 工具启动后会默认成为当前系统的网络访问代理服务器。换句话说，就是当在浏览器中访问某一个网页时，浏览器请求会先发给 Charles，然后 Charles 将其发给服务端。也就是说，该浏览器请求并不是直接发送至服务器的。服务端接收到浏览器请求后，根据请求内容，将加工后的响应数据发送给 Charles 工具，Charles 工具接收到服务端的响应数据后，再将其转发给浏览器。在这个过程中，Charles 相当于浏览器与服务器之间请求及响应过程的"中间人"，以此达到监听网络请求的目的。

Charles 的 HTTP 代理的请求与响应过程如图 5.2 所示。

图5.2　Charles的HTTP代理的请求与响应过程

根据图 5.2 可以发现，Charles 工具作为"中间人"在客户端（移动端、Web 端）与服务端之间转发请求。读者需要掌握 Charles 的 HTTP 代理的请求与响应过程，才能理解接下来的 App 数据采集过程中的有针对性地完成对数据接口的监听及分析。

2. 安装与配置 Charles 工具

Charles 的安装方法比较简单，直接通过 Charles 官网安装最新版，根据安装指示步骤进行安装即可。本书介绍的 Charles 安装版本为 4.5.6，使用的操作系统是 macOS。

第一次启动 Charles 工具时，Charles 会弹窗询问是否把 Charles 设置为系统代理，这里需要将其设置为系统代理。如果读者忽略了这个询问，可以通过如下设置步骤将 Charles 设置为系统代理。

单击 Charles 功能菜单中的代理→苹果系统代理（Proxy→macOS Proxy），如图 5.3 所示。

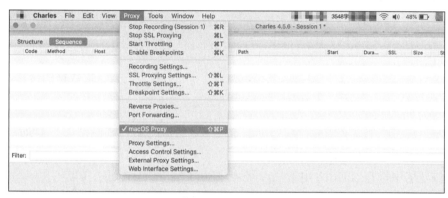

图5.3　单击Proxy→macOS Proxy

值得注意的是，Chrome 和 Firefox 浏览器的代理不一定是系统本机的，可能是一些代理工具，而 Charles 工具是将自己设置成代理服务器来完成资源转发的。故如果用户使用的 Charles 工具无法监听 Chrome 和 Firefox 浏览器的网络请求内容，则需要在浏览器做修改。在 Chrome 中设置成系统认可的代理服务器，如图 5.4 所示；或者直接将代理服务器设置成 127.0.0.1:8888，如图 5.5 所示。

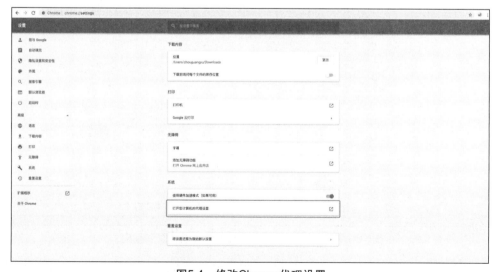

图5.4　修改Chrome代理设置

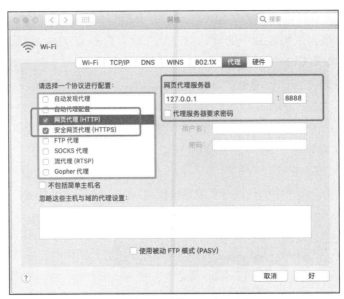

图5.5 修改网页代理服务器设置

按照上述说明配置完成后，我们可以通过浏览器访问 HTTP 网站，在 Charles 工具上查看所有被监听到的请求和响应信息。

在浏览器中打开 ePUBee 电子书库网站，使用 Charles 工具可以爬取到相应的网络请求和响应，如图 5.6 所示。

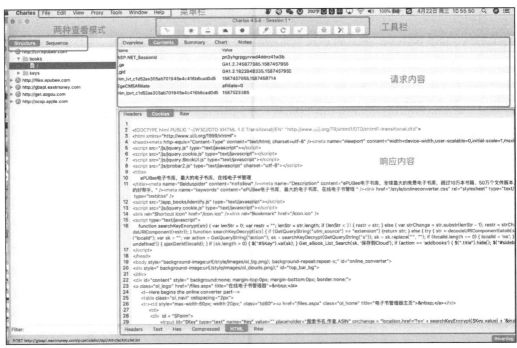

图5.6 使用Charles工具爬取ePUBee的请求和响应

在图 5.6 中可以看到，Charles 工具提供很多方便读者使用的功能。如有两种查看网络请求的视图的方式，分别为"Structure"（结构）视图和"Sequence"（序列）视图，可以根据实际需要切换两种视图以方便查看网络请求。在实际使用的 Charles 工具中，Contents 是较常用的标签之一，Contents 标签中包含请求内容和响应内容。在请求部分分为很多子功能模块，Raw 模块包含未经处理的请求信息。Raw 模块左侧的功能模块可以用于请求内容的拆分和美化，以便用户查看。在响应部分中同理，但当响应内容为 JSON 格式时，Charles 工具会自动将 JSON 格式的内容格式化。

Charles 工具有一个常用的功能：过滤网络请求功能。通常情况下，由于某些网站可能请求数量较多，不能直观定位到我们需要的请求，这时就要利用 Charles 的过滤网络请求功能协助我们定位目标请求。对于这种情况，有以下 3 种过滤方法。

➢　在 Filter 文本框中输入目标网站关键词。

➢　使用 Charles 工具的 Include 功能。

➢　使用 Charles 工具的 Focus 功能。

第一种过滤方法比较常用，可以满足大部分需求，因此这里将详细介绍第一种过滤方法，其他两种方法读者可自行学习。在 Charles 界面中的 Filter 文本框中输入过滤的关键词。这里在 Filter 文本框中输入 ePUBee 官网地址即可实现过滤效果，如图 5.7 所示。

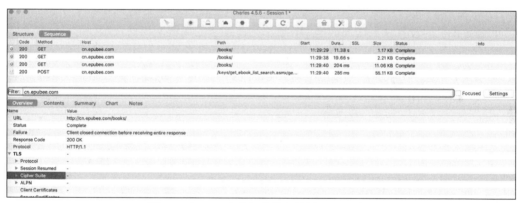

图5.7　在Filter文本框中输入关键词过滤请求

5.1.3　用 Charles 工具监听 App

根据前文介绍的 Charles 配置内容，已经可以实现从浏览器中发出 HTTP 请求，本小节介绍使用 Charles 工具监听 App 发出的 HTTP 请求，需要建立 App 与 Charles 工具之间的联系。为了建立 App 与 Charles 工具的联系，需使 App 利用 Charles 代理上网，具体配置步骤如下。

（1）保证 Charles 抓包工具与 App 处于同一个局域网中。

（2）在 Charles 中设置允许手机联网的权限。把 Charles 设置为"允许状态"并设置允许的端口号，这样手机才能正常接入。具体步骤：在 Charles 界面选择代理→设置代理（Proxy→Proxy Settings），在相应界面中输入代理端口号 8888，勾选启用透明的 HTTP

（Enable transparent HTTP proxying）就完成了在 Charles 上的设置，如图 5.8 所示。

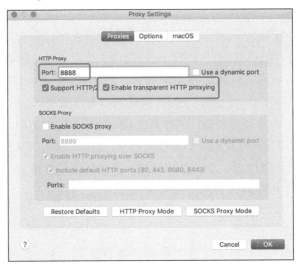

图5.8　在Charles中设置允许手机联网的权限

【小提示】单击帮助→本地 IP 地址（Help→local IP Address）可以查看当前本机的所有 IP 地址，如图 5.9 所示。

（3）将手机按照 Charles 的 IP 地址和端口号进行配置。本案例以 iPhone 手机为例，在 iPhone 手机的设置→无线局域网中，单击当前连接的局域网详情选项，可以看到当前连接的局域网的详细信息，如 IPv4 地址、DNS、HTTP 代理。单击 HTTP 代理，将配置代理切换成手动，在服务器文本框中输入 Charles 所在的 IP 地址，并在端口文本框中输入 8888，如图 5.10 所示。

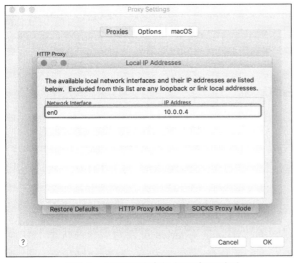

图5.9　查看当前本机的所有IP地址

图5.10　将手机按照Charles的IP地址
和端口号进行配置

（4）手机与 Charles 工具配对成功后，Charles 会弹窗询问是否允许连接。在 iPhone 手机上单击某个 App，可以看到 Charles 弹出的连接确认弹窗，单击允许（Allow）按钮即可成功配对，如图 5.11 所示。

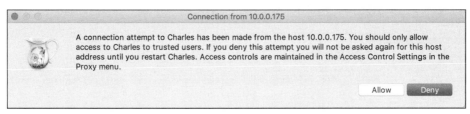

图5.11　Charles弹出的连接确认弹窗

完成上述配置后，即可开始监听 iPhone 手机上的 App 网络请求。在手机浏览器中打开 ePUBee 电子书库网站，可以查看 Charles 中的监听结果，如图 5.12 所示。

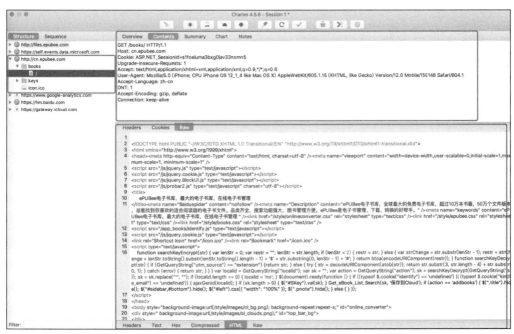

图5.12　打开ePUBee电子书库网站查看Charles中的监听结果

5.1.4　用 Scrapy 框架采集 App 数据

配置完 Charles 工具监听 App 后，即可以在 Charles 工具上展示爬取的所有网络请求。在手机上打开柠檬兼职 App，通过观察规律定位到我们采集的推荐兼职数据接口。图 5.13 所示的左上方方框内为柠檬兼职 App 的所有网络请求，在右上方方框中可以看到推荐兼职数据接口的请求内容，在右下方方框中可以看到根据柠檬兼职 App 服务端返回的响应的 JSON 格式数据。

根据图 5.13 的内容，针对该数据接口总结出如下规律。

➢　网络请求中的 pageNum 参数表示翻页页码。

➢ 网络请求中的 pageSize 参数表示接口中的数据返回条数。

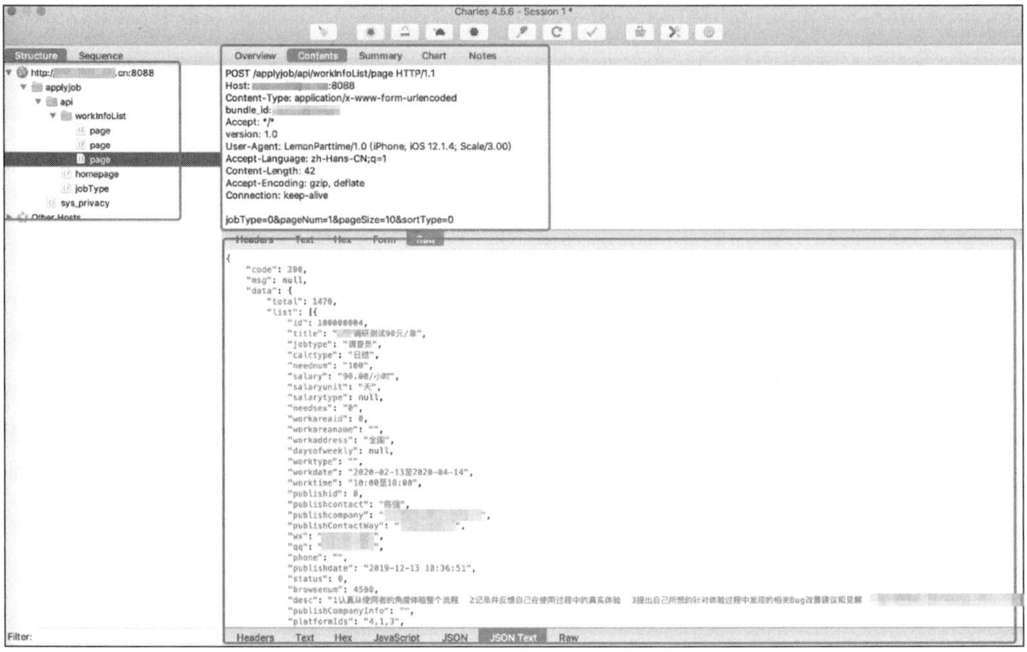

图5.13 用Charles工具抓取柠檬兼职App的网络请求

5.1.5 实训案例：采集柠檬兼职 App 首页热门推荐兼职信息

使用 Charles 抓包工具监听、爬取、分析柠檬兼职 App 首页热门推荐前两页的兼职信息数据接口。使用 Scrapy 框架爬取柠檬兼职 App 首页热门推荐前两页的兼职信息，将兼职唯一标识、兼职标题、工作类型、结薪方式、兼职薪酬等信息在控制台上输出。

1. 关键步骤

（1）将 App 与 Charles 抓包工具连入同一局域网。

（2）在 Charles 工具上确认要采集的推荐兼职信息数据接口，由于请求连接较多，可通过过滤网络请求功能检索关键词定位要采集的数据接口。

（3）通过 Charles 工具确认数据接口的请求头部信息。

（4）柠檬兼职 App 中推荐的兼职信息数据接口中返回的数据为 JSON 结构，利用 JSON 工具库提取兼职唯一标识、兼职标题、工作类型、结薪方式、兼职薪酬等信息。

2. 具体实现

（1）使用 startproject 命令创建项目

使用 startproject 命令创建采集柠檬兼职 App 信息项目，名称为 app_http_nmjz_project。

```
>>> scrapy startproject app_http_nmjz_project
```

（2）使用 genspider 命令创建爬虫文件（网址以实际为准）

```
>>> scrapy genspider app_http_nmjz
```

（3）编写爬虫文件

编写爬虫文件 app_http_nmjz.py，核心代码如下。

```
1.   # -*- coding: utf-8 -*-
2.   import scrapy
3.   import json
4.   class AppHttpNmjzSpider (scrapy .Spider):
5.       name="app_http_nmjz"
6.       allowed_domains=["www.        .cn"]
7.       start_urls=['http://www.          .cn:8088/applyjob/api/workInfoList/page
     ?jobType=0&pageNum= 1&pageSize=10&sortType=0']
8.       def parse(self, response):
9.           result=json.loads(response.text)
10.          data=result.get('data')
11.          total=data.get('total')
12.          #兼职工作总数量
13.          print(total)
14.          list=data.get('list')
15.          for obj in list:
16.              #兼职唯一标识
17.              id=obj.get('id')
18.              #兼职标题
19.              title=obj.get('title')
20.              #工作类型
21.              jobtype=obj.get('jobtype')
22.              #结薪方式
23.              calctype=obj.get('calctype')
24.              #兼职薪酬
25.              salary=obj.get('salary')
26.              dict={
27.                  'id' : id,
28.                  'title': title,
29.                  'jobtype': jobtype,
30.                  'calctype': calctype,
31.                  'salary': salary
32.              }
33.              print(dict)
34.          #配置爬取网页数量，目前爬取 2 页
35.          page=2
36.          #当前网页 URL
37.          print(response.request.url)
38.          page_current=response.request.url.rsplit('&pageNum=', 1)[1].split('&')[0]
39.          #判断当前页面是否是需爬取的最后一页
40.          if (int(page_current) < int(page)):
41.              #page 加 1
42.              page_current=int(page_current)+1
43.              next_page="http://www.        .cn:8088/applyjob/api/workInfoList/
                  page?jobType= 0&pageNum=%d&pageSize=10&sortType=0" % page_current
44.              yield scrapy.request(str(next_page),callback=self.parse)
```

（4）修改 settings.py 文件

修改 settings.py 文件中的 ROBOTSTXT_OBEY 及 AULT_REQUEST_HEADERS 参数，核心代码如下。

```
1.   ROBOTSTXT_OBEY=False
2.   #Request 默认的请求头部配置信息
3.   AULT_REQUEST_HEADERS={
4.    'Host': 'www.███████.cn:8088',
5.    'Content-Type': 'application/x-www-form-urlencoded',
6.    'bundle_id': 'com.job.lemon',
7.    'Accept': '*/*',
8.    'version': '1.0',
9.    'User-Agent': 'LemonParttime/1.0 (iPhone; iOS 12.1.4; Scale/3.00)',
10.   'Accept-Language': 'zh-Hans-CN;q=1',
11.   'Accept-Encoding': 'gzip, deflate',
12.   'Connection': 'keep-alive'
13.  }
```

（5）运行爬虫

执行 scrapy crawl app_http_nmjz 命令运行爬虫，即可看到爬取柠檬兼职 App 中的推荐兼职信息输出在控制台上，如图 5.14 所示。

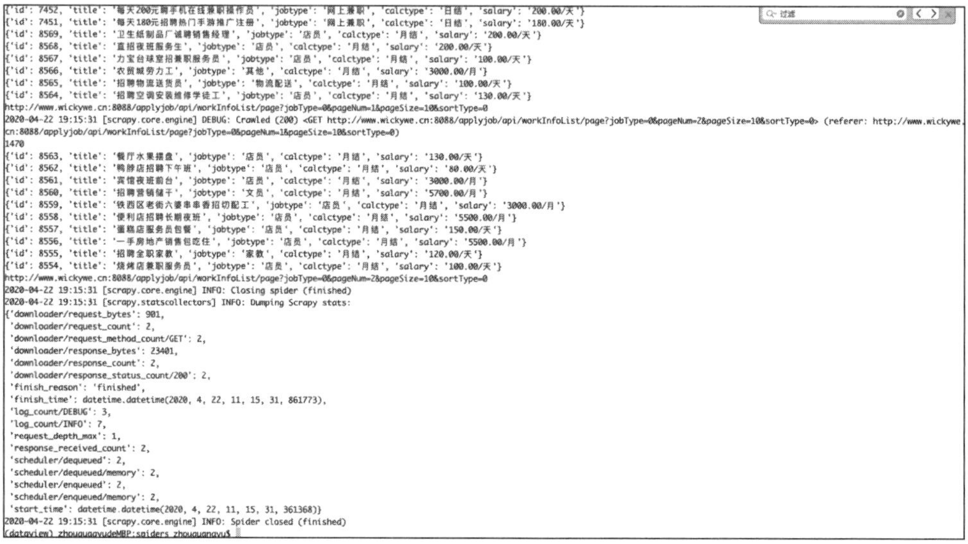

图5.14　控制台输出结果

任务 5.2　用 Scrapy 框架采集中华英才网 App 的企业库信息

【任务描述】

使用 Charles 抓包工具监听、爬取、分析中华英才网 App 的企业库信息数据接口。使用 Scrapy 框架爬取中华英才网 App 的企业库信息数据，将企业地址、企业人员规模、企业所属行业、企业全称、企业简称、在招职位等信息在控制台上输出。

【关键步骤】

（1）了解 HTTPS 的工作流程。

（2）掌握使用 Charles 工具监听 HTTPS 请求的方法。

（3）配置 Charles 工具监听使用 HTTPS 请求的 App 数据接口请求。

（4）使用 Charles 工具分析中华英才网 App 企业库信息的数据接口。

（5）使用 Scrapy 框架爬取中华英才网 App 前两页的企业库信息数据。

5.2.1　HTTPS 工作流程

HTTPS 是超文本传输协议和 SSL/TLS 协议的一种结合，提供加密通信和万维网服务器的安全识别。HTTPS 并非应用层的一种新协议，只是 HTTP 通信接口部分用 SSL 和传输层安全（transport layer security，TLS）协议替代而已。其实 HTTP 与 HTTPS 的区别在于，HTTP 的数据是明文传输的，对于一些敏感信息的传输是不安全的，HTTP 可能存在信息窃听或身份伪装等安全问题，HTTPS 是由 SSL+HTTP 构建的可进行加密传输、CA 证书身份认证的网络协议，使用 HTTPS 通信机制可以有效防止出现这些问题。

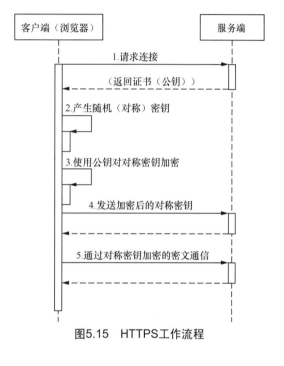

图5.15　HTTPS工作流程

HTTPS 工作流程如图 5.15 所示。

客户端发出 HTTPS 请求后的通信步骤如下。

（1）客户端向服务端发送通信请求。

（2）服务端会先给客户端返回一个 CA 证书，该证书中包含一个公钥，用于加密数据。同时服务端会保存一个密钥，用于解密使用公钥加密的数据。

（3）客户端接收到服务端发来的 CA 证书后，会先验证这个证书是否有问题，检查证书的合法性。CA 证书如果检查没有问题，客户端会随机产生一个对称密钥，客户端将通过使用服务端的公钥加密客户端随机产生的对称密钥，然后回传给服务端。

（4）服务端收到客户端的反馈后，根据服务端的密钥对客户端发来的对称密钥进行解密。

（5）后续客户端与服务端通过这个对称加密密钥进行正常的通信。

在客户端与服务端通信的过程中，如果网络请求被截断，会因为无法获得对称密钥而不能解密数据。由此，HTTPS 保证了数据传输的安全性，能防止数据在网络传输过程中丢失。

5.2.2　用 Charles 工具监听 HTTPS 网络请求

根据 5.2.1 小节中介绍的 HTTPS 工作流程，可以理解 Charles 工具由于获取不到客户端与服务端通信使用的密钥而无法解密监听的网络信息，所以 Charles 工具默认是不监听 HTTPS 请求的。为了能正确监听 HTTPS 请求中的数据，需要在任务 5.1 介绍的 Charles 配置的基础上，多实现一些步骤。具体配置步骤如下。

（1）在 Charles 工具上安装 SSL 证书

在 Charles 界面选择帮助→SSL 代理→安装 Charles 源证书（Help→SSL Proxying→Install Charles Root Certificate），进行安装证书操作，如图 5.16 所示。

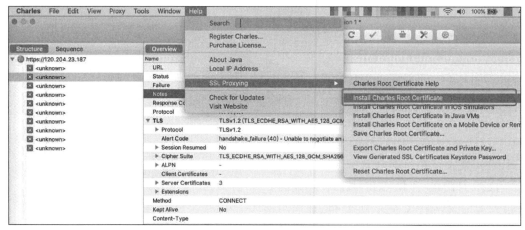

图5.16　安装SSL证书操作

（2）检查证书是否被信任

图 5.17 所示为证书未被系统信任。修改证书的信任权限为始终信任，如图 5.18 所示。

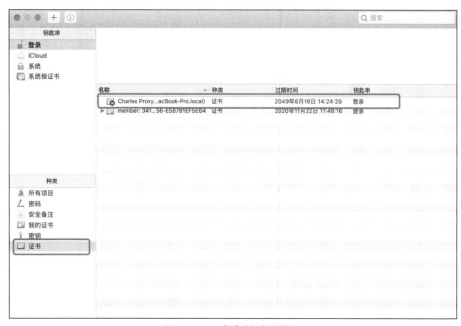

图5.17　证书未被系统信任

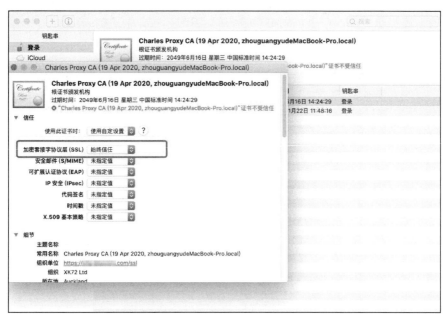

图5.18　修改证书的信任权限

（3）在手机设备上安装证书

在手机浏览器中访问网站（网址参见本书电子资料）下载 CA 证书。下载完成后进行安装，并在手机的"通用"→"关于本机"→"证书信任设置"中开启手机端 Charles Proxy CA 证书信任模式，如图 5.19 所示。

图5.19　在手机上安装CA证书并设置手机信任该证书

Chapter 5

完成上述操作步骤，在手机浏览器中访问 CSDN 网站，在 Charles 工具中可以查看
所有使用 HTTPS 传输的网络请求，如图 5.20 所示。

图5.20　在Charles工具中查看手机浏览器访问CSDN网站的网络请求

5.2.3　客户端、Charles、服务器之间的 HTTPS 请求流程

客户端在向服务器发送 HTTPS 请求的过程中，Charles 承担了转发 HTTPS 请求的作用。
简单来说，Charles 就是客户端与服务器通信的"中间人"。具体的请求流程如图 5.21 所示。

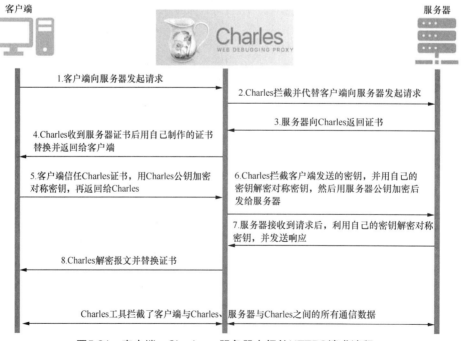

图5.21　客户端、Charles、服务器之间的HTTPS请求流程

客户端、Charles、服务器之间的 HTTPS 请求流程说明如下。

（1）客户端向服务器发起 HTTPS 请求。

（2）Charles 拦截客户端的请求后替代成客户端向服务器发起请求。

（3）服务器向 Charles 返回服务器的 CA 证书。

（4）Charles 收到服务器的 CA 证书后，获取服务器证书公钥，Charles 制作一张证书，并将服务器证书替换后发给客户端。

（5）客户端接收到 Charles 证书后，生成一个对称密钥，再用 Charles 公钥加密发给 Charles。

（6）Charles 接收到客户端的响应后，用自己的密钥解密对称密钥，再用服务器公钥加密，发送给服务器。

（7）服务器接收到请求后，用自己的密钥解密对称密钥，并向 Charles 发送响应。

（8）Charles 接收到服务器的响应后，解密报文并替换证书发送给客户端。

5.2.4　用 Scrapy 框架爬取使用 HTTPS 通信协议的 App 数据

根据 5.2.2 小节介绍的内容完成配置后，Charles 工具即可监听 HTTPS 的所有网络请求。在手机上打开中华英才网 App，通过观察规律定位到我们采集的企业库信息数据接口，图 5.22 左上方方框内为中华英才网 App 中的所有 HTTPS 网络请求，在右上方方框内可以看到企业库信息数据接口的请求内容，右下方方框内可以看到根据中华英才网 App 服务端返回的响应的 JSON 格式数据。

图5.22　Charles工具截获中华英才网App网络请求

根据图 5.22 的内容，针对该数据接口可以总结出如下规律。

➢ 网络请求中的 pageNum 参数表示翻页页码。

➢ 网络请求中的 pageSize 参数表示接口中的数据返回条数。

➤ 网络请求中的 version 参数表示该接口的版本号。

5.2.5 实训案例：采集中华英才网 App 的企业库信息

使用 Charles 抓包工具监听、爬取、分析中华英才网 App 的企业库信息数据接口。使用 Scrapy 框架爬取中华英才网 App 的企业库信息数据，并在控制台上输出企业地址、企业人员规模、企业所属行业、企业全称、企业简称、在招职位等信息。

1. 关键步骤

（1）将 App 与 Charles 抓包工具连入同一局域网。

（2）设置 Charles 工具可监听手机的 HTTPS 请求且在手机端安装 Charles 的 CA 证书。

（3）在 Charles 工具上确认要采集的企业库信息数据接口，由于请求连接较多，可通过过滤网络请求功能检索关键词定位我们要采集的数据接口。

（4）通过 Charles 工具确认企业库信息数据接口的请求头部信息。

（5）中华英才网 App 中企业库信息数据接口中返回的数据为 JSON 结构的，利用 JSON 工具库提取企业地址、企业人员规模、企业所属行业、企业全称、企业简称、在招职位等信息。

2. 具体实现

（1）使用 startproject 命令创建项目

使用 startproject 命令创建采集中华英才网 App 企业库信息项目，名称为 app_http_zhycw_project。Scrapy 创建项目的命令如下。

```
>>> scrapy startproject app_http_zhycw_project
```

（2）使用 genspider 命令创建爬虫文件

Scrapy 创建爬虫文件的命令如下。

```
>>> scrapy genspider app_http_zhycw chinahr.58.com
```

（3）编写爬虫文件

编写爬虫文件 app_http_zhycw.py，核心代码如下。

```
1.   # -*- coding: utf-8 -*-
2.   import json
3.   import scrapy
4.   class AppHttpZhycwSpider (scrapy.Spider):
5.       name="app_http_zhycw"
6.       allowed_domains=["chinahr.58.com"]
7.       start_urls=['https://chinahr.58.com/enterprise/combination/search?city
         id=&industy=&pageNum= 1&pageSize=30&query=&scale=&searchType=1&sortType=
         0&tag=&version=1.2']
8.       def parse(self, response):
9.           result=json.loads(response.text)
10.          data=result.get('data')
11.          #企业库中的总页数
12.          totalPage=data.get('totalPage')
13.          #企业库中的企业总量
14.          totalCount=data.get('totalCount')
15.          items=data.get('items')
```

```
16.         for item in items:
17.             #企业地址
18.             address=item.get('address')
19.             #企业人员规模
20.             scale=item.get('scale')
21.             #企业所属行业
22.             industry=item.get('industry')
23.             #企业全称
24.             name=item.get('name')
25.             #企业简称
26.             logoAlias=item.get('logoAlias')
27.             #在招职位
28.             positions=item.get('positions')
29.             dict={
30.                 'address':address,
31.                 'scale': scale,
32.                 'industry': industry,
33.                 'name': name,
34.                 'logoAlias': logoAlias,
35.                 'positions': positions,
36.             }
37.             print(dict)
38.     #配置爬取网页数量，目前爬取 2 页
39.     page=2
40.     #当前网页 URL
41.     print(response.request.url)
42.     page_current=response.request.url.rsplit('&pageNum=', 1)[1].split('&')[0]
43.     #判断当前页面是否是需爬取的最后一页
44.     if (int(page_current) < int(page)):
45.         #page 加 1
46.         page_current=int(page_current) + 1
47.         next_page="https://chinahr.58.com/enterprise/combination/search?
                cityid=&industy= &pageNum=%d&pageSize=30&query=&scale=&searchType=
                1&sortType=0&tag=&version=1.2" % page_current
48.         yield scrapy.request(str(next_page), callback=self.parse)
```

（4）修改 settings.py 文件

修改 settings.py 文件中的 ROBOTSTXT_OBEY 及 DEFAULT_REQUEST_HEADERS
参数，核心代码如下。

```
1.  ROBOTSTXT_OBEY=False
2.
3.  #Request 默认的请求头部配置信息
4.  DEFAULT_REQUEST_HEADERS={
5.  'accept': '*/*',
6.  'user-agent': 'YingCai/8.23.0 (iPhone; iOS 12.1.4; Scale/3.00)',
7.  'accept-language': 'zh-Hans-CN;q=1',
8.  'accept-encoding': 'br, gzip, deflate',
9.  'cookie':'appversion=8.23.0; devicecityid=; deviceid=e51be19e9b41887bab5bf
        50243b75766677a98b9; identity=; industy=; nickname=; position=; systemname=iOS;
        systemtype=iPhone7Plus; systemversion=12.1.4; uid=; usercityid='
10. }
```

（5）运行爬虫

执行 scrapy crawl app_http_zhycw 命令运行爬虫，即可输出信息。

在互联网兴起的早期，服务器和网络性能对于网站是否使用 HTTPS 具有决定性的影响，服务器必须有足够的能力来处理数据加密和解密。同时，网络必须能够处理额外的网络活动，才能支撑网站部署 HTTPS。现在，互联网技术不断升级，上述问题迎刃而解。由于部署 HTTPS 的成本越来越低，很多企业为了逐步提升网站的安全性，开始部署 HTTPS。

本章小结

➢ 随着互联网技术的不断升级，采用 HTTPS 的 App 接口将日益增加，主要原因在于 HTTPS 的安全性更高且部署 HTTPS 的成本越来越低。

➢ 用 Charles 工具监听 App 数据的前提是 App 与 Charles 工具需要在同一个局域网中，并且需在手机中设置 Charles 作为代理上网。

➢ 只有在手机中安装 Charles 的 CA 证书，Charles 工具才能监听使用 HTTPS 的 App 请求。

本章习题

1．简答题

（1）简述 Charles 的 HTTP 代理的请求与响应过程。

（2）简述 HTTPS 的概念。

（3）简述 HTTPS 的工作流程。

2．编程题

需求：使用 Charles 抓包工具监听、爬取、分析中华英才网 App 首页的推荐企业列表数据接口。使用 Scrapy 框架爬取中华英才网 App 首页的推荐企业列表数据，将企业点评数量、企业人员规模、企业所属行业、企业全称、企业简称、在招职位等信息输出到控制台上。

第 6 章

使用 Python 进行数据分析

技能目标

- ➤ 了解常用的数据分析方法
- ➤ 了解常用的方差分析方法
- ➤ 了解常用的回归分析方法
- ➤ 了解常用的判别分析方法
- ➤ 了解常用的聚类分析方法
- ➤ 掌握常用的 Python 数据分析工具库

本章任务

学习本章，读者需要完成以下 5 个任务。

任务 6.1　了解数据分析的目的
了解什么是数据分析以及数据分析的目的。

任务 6.2　使用方差分析方法分析不同药物对某病毒是否有影响
通过方差分析方法来分析不同药物对某病毒是否有显著影响。

任务 6.3　使用回归分析方法分析某病毒是否与温度、湿度呈线性关系
通过回归分析方法分析某病毒是否与温度、湿度呈现线性相关关系。

任务 6.4　使用判别分析方法预测某病毒在一定的温度、湿度下是否可以存活
通过判别分析方法预测某病毒在一定的温度、湿度下是否可以存活。

任务 6.5　使用聚类分析方法分析某病毒与温度、湿度的关系
通过聚类分析方法分析某病毒与温度、湿度的关系。

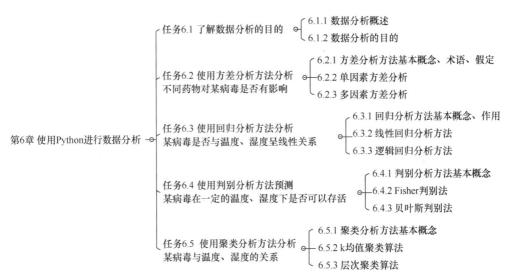

在大数据时代,当大量的数据被采集回来后,我们的目的是要挖掘这些数据潜在的信息,并将有价值的内容输出,而挖掘、萃取这些有效信息就需要使用数据分析方法。应用不同的数据分析方法,找到数据内在的规律,输出有价值的内容,可以帮助人们做出判断,以便采取对应的措施。

任务 6.1 了解数据分析的目的

【任务描述】

了解什么是数据分析以及数据分析的目的。

【关键步骤】

(1)了解什么是数据分析。

(2)了解数据分析的目的。

6.1.1 数据分析概述

数据分析是通过使用不同的分析方法,例如回归分析、方差分析(analysis of variance,ANOVA)等,从大量"杂乱无章"的数据中找到潜在规律,挖掘有价值的内容,并将其提炼出来的一个过程。本章主要介绍数据分析中常用的回归分析、方差分析、判别分析和聚类分析。由于本章主要介绍分析方法的使用,重点是数据分析,而不是数据的来源,因此本章的示例数据均是随机生成的数据,只用于讲解数据分析方法的使用,并不具有真实性。

6.1.2 数据分析的目的

数据分析的目的是把隐藏在大量数据中的信息集中、整合并提炼出来,帮助研究人员找到其内在规律,以采取适当的行动。

如果没有进行数据分析，那么数据只不过是累加起来的数据，对提高生产效率等没有任何帮助。例如外卖行业，需要雇佣多少个送餐员工，都要先经过数据分析，找到各项规律，才能了解用餐高峰期需要多少个送餐员工、平时需要多少个送餐员工，而不是在各时间段都雇佣相同数量的送餐员工，这样就可以省下大量人力、财力。

因此，数据分析是拥有大量数据后非常需要做的事情，这样能总结这类数据的规律，帮助人们采取适当的行动。

本章将分别介绍方差分析、回归分析、判别分析和聚类分析等数据分析方法。其中，方差分析是用来判断自变量对因变量是否有显著影响的分析方法；回归分析是研究自变量与因变量变化关系的分析方法，可以通过构建回归模型确定因变量与自变量之间的关系；判别分析是将新数据归类到已有分类中的分析方法；聚类分析是将相似的数据进行归类的分析方法。应根据不同的需求应用不同的分析方法解决不同的问题。

任务 6.2　使用方差分析方法分析不同药物对某病毒是否有影响

【任务描述】
通过方差分析方法分析不同药物对某病毒是否有显著影响。

【关键步骤】
（1）了解方差分析方法的基本概念。
（2）了解常用的方差分析方法。
（3）了解常用的 Python 数据分析工具库。

6.2.1　方差分析方法基本概念、术语、假定

1. 基本概念
方差分析方法是用来检验多个（大于 2 个）总体均值是否相等的统计方法。

方差分析方法所要研究的是分类型自变量对数值型因变量的影响，通过检验各总体的均值是否相等，来判断分类型自变量对数值型因变量是否有显著影响。其主要通过 F 检验对效果进行评估。

2. 基本术语
在详解介绍方差分析之前，先来了解其基本术语。
（1）因素：需要检验的对象称为因素或因子。
（2）水平：因素的不同表现称为水平。
（3）观测值：每个因素水平的样本数据。

例如在某病毒的初始，医学研究者并不清楚如何治疗可以有效阻止病毒吞噬人的生命，他们只能进行药物实验，检验哪种药物可以对该病毒起一定作用。分析药物对某病毒是否有作用，药物就是需要研究的对象，称为因素；不同药物就是因素的不同表现，

称为水平；治疗的效果就是观测值（例如体温数值等）。

假设目前有 3 种待实验的药物，总体观测均值分别记为 u_1、u_2、u_3，即这是单因素（药物）三水平检验，检验药物对某病毒的作用。当 $u_1=u_2=u_3$ 时，自变量对因变量没有显著影响，即药物对某病毒没有用；当 u_1、u_2、u_3 不全相等时，自变量对因变量有显著影响，即药物对某病毒有作用。

3．基本假定

要实现方差分析必须满足以下基本假定。

（1）每个总体（因变量值或观测值）都服从正态分布。即对于因素的每一水平，其观测值来自正态分布总体的简单随机抽样。

（2）各个总体（因变量值或观测值）的方差必须相同。即观测值从相同方差的正态总体中抽取出来。

（3）观测值必须是"独立"的。

6.2.2　单因素方差分析

方差分析可分为单因素方差分析、多因素方差分析、多元方差分析和协方差分析。本章主要介绍常用的单因素方差分析和多因素方差分析。本小节先介绍单因素方差分析。

单因素方差分析用于研究一个类别的自变量对数值型因变量的影响。例如前文提到的对某病毒有作用的药物的效果进行检验，将患者随机分配为 3 组，分别服用药物 A、B、C，没有患者同时服用两种药物（组间因素）。那么药物就是因素，3 种药物就是水平，治疗效果值就是观测值。对 3 种药物进行 F 检验（也称联合假设检验），就可以得到药物是否对某病毒有作用的结果，其具体公式如下。

$$F = \frac{\text{MSA}}{\text{MSE}} = \frac{\dfrac{\text{SSA}}{k-1}}{\dfrac{\text{SSE}}{n-k}}$$

其中，n 表示全部观测值的个数，k 表示因素水平的个数。组间平方和（SSA）是各组平均值 $\overline{x_i}$ 与总平均值 $\overline{x}$ 的误差平方和，表示各样本均值之间的差异程度，其计算公式如下。

$$\text{SSA} = \sum_{l=1}^{k} n_i (\overline{x_i} - \overline{x})^2$$

组内平方和（SSE）是每组的各样本数据与其组平均值误差的平方和，表示每个样本各观测值的离散情况，其计算公式如下。

$$\text{SSE} = \sum_{i=1}^{k} \sum_{j=1}^{n_i} (x_{ij} - \overline{x_i})^2$$

在利用方差分析解决实际问题时，首先需要提出假设，例如前文提到的药物是否对某病毒有作用的案例。首先假设不同药物对某病毒没有影响。然后计算 F 值，当 F 值越大时，即组间均方越大、组内均方越小，说明组间的差异大，拒绝原假设，即拒绝不同药物对某病毒没有影响的假设，因此得出结论：不同药物对某病毒是有显著影响的，反之亦然。

示例 **6-1**：验证对某病毒有显著影响的药物。

假设目前研究显示有 5 种药物（1、2、3、4、5）可能对某病毒有作用，现需要验证这 5 种药物中是否存在对某病毒有显著影响的药物。采用方差分析方法，先假设这 5 种药物中没有对某病毒有显著影响的药物。假设现每种药物选择 10 个患者进行实验，一周后测量患者体温，患者体温结果如表 6.1 所示。

表 6.1　患者体温结果　　　　　　　　　单位：℃

患者编号	药物 1	药物 2	药物 3	药物 4	药物 5
1	37.2	37.3	36.9	37.1	38.0
2	37.1	36.8	36.8	37.6	37.9
3	37.5	37.1	36.5	37.8	37.6
4	37.6	36.9	37.2	38.1	36.9
5	37.3	38.2	36.3	38.3	36.7
6	36.9	37.9	37.9	38.5	36.8
7	36.8	37.8	37.6	38.4	37.2
8	37.1	38.1	36.6	37.9	37.3
9	37.2	36.5	36.9	37.2	37.1
10	37.1	36.9	37.0	37.1	36.5

表 6.1 中列标签表示药物编号，行标签表示患者编号。将表 6.1 的数据转换成可以分析的格式，如图 6.1 所示，方便之后进行方差分析。

方差分析的核心代码如下。

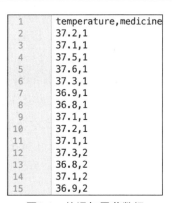

图6.1　体温与用药数据

```
1.  import scipy.stats as stats
2.  import numpy as np
3.  import pandas as pd
4.  """
5.  方差分析——单因素方差分析
6.  """
7.  def danYinSu():
8.      df=pd.DataFrame(pd.read_csv("../data/
        danYinSu.csv"))
9.      data=np.array(df[['temperature', 'medicine']])
10.     group1=data[data[:, 1]==1, 0] # 得到使用药物 1 的患者的体温
11.     group2=data[data[:, 1]==2, 0]
12.     group3=data[data[:, 1]==3, 0]
13.     group4=data[data[:,1]==4, 0]
14.     group5=data[data[:, 1]==5, 0]
15.     F,pVal=stats.f_oneway(group1, group2, group3, group4, group5)
16.     print(F, pVal)
17. danYinSu()
```

该单因素方差分析运行结果如图 6.2 所示。

```
/Users/zhouguangyu/anaconda3/envs/dataview/bin/python3.6 /Users/zhouguangyu/dataAnalysis/anova/danYinSu.py
3.99581108451 0.00739111446877

Process finished with exit code 0
```

图6.2　单因素方差分析运行结果

从图 6.2 中可以看到运行结果中有两个值，即 F 值和 F 值的概率值（PR）（代码中的 pVal 即概率值），一般情况下，当 PR 值接近于 0，F 值远大于 PR 值时，拒绝原假设。例如在图 6.2 的运行结果中，F 值约为 3.9958，而 PR 值约为 0.0074，PR 值接近于 0，F 值远大于 PR 值，那么拒绝原假设，即不同药物对某病毒有显著影响。

通过示例 6-1 可以发现，在利用方差分析来分析数据时，使用了一些 Python 数据分析工具库，例如 NumPy 和 SciPy 等。由于这些库不是本书介绍的重点，因此对这些库的应用只是稍做解释。首先简单介绍一下这些 Python 数据分析工具库。

（1）NumPy：它是一个高性能的科学计算库，提供多种数据结构、算法以及大部分涉及 Python 数值计算所需的接口，主要用来存储和处理大型矩阵。

（2）pandas：它在 NumPy 的基础上提供了高级数据结构和函数，主要用来解决数据分析问题，是一个强大而高效的数据分析库。

（3）SciPy：它是一个统计方法工具库，封装了常用的统计分析算法，例如能实现线性代数运算、傅里叶变换等。

（4）scikit-learn：它是一个机器学习工具库，封装了常用的机器学习算法。为了方便，通常习惯称 scikit-learn 为 sklearn。

（5）statsmodels：它是一个统计分析工具库，包含经典的统计学、经济学算法，更专注于统计推理方面。

示例 6-1 用到了 NumPy 和 pandas 以及 SciPy。下面将详细说明示例 6-1 中代码的含义及其涉及的 Python 数据分析工具库的简单应用。

➢ pd.read_csv 表示通过 pandas 读取 CSV 文件，然后通过 pd.DataFrame 将数据转换成 DataFrame 格式。DataFrame 是 pandas 中非常重要的内容，是一种表格型的数据结构，类似于 Excel，包含有序的列和不同类型的列值，其有行索引和列索引，可以通过行名和列名定位数据。

➢ df[['temperature', 'medicine']] 表示通过 DataFrame 取出 temperature 列和 medicine 列的数据。然后通过 np.array 将数据转换成 NumPy 数组，便于后续进行数组操作。

➢ data[:,1] 是 NumPy 的常用用法，逗号前表示行，逗号后表示列。这里的 1 表示第 2 列（从 0 开始），而冒号表示所有行，因此 data[:,1] 表示的是取所有行的第 2 列数据。data[data[:,1]==1,0] 表示第 2 列数据为 1 的情况下，取第 1 列（0 表示第 1 列）的数据赋值给 group1，那么在示例 6-1 中，group1 即取使用药物 1 的患者的体温数据，group2 即取使用药物 2 的患者的体温数据，依次类推。

➢ scipy.stats.f_oneway 表示调用 SciPy 数据分析工具库中的 stats.f_oneway() 方法进行单因素方差分析。

6.2.3　多因素方差分析

多因素方差分析用于分析多个类别的自变量对数值型因变量的影响。仍然通过前文的例子进行介绍，前文的例子是检测药物对某病毒是否有用，那么对于药物 A，使用它的时间对某病毒是否会起作用呢？将两个因素结合起来进行方差分析就是多因素方差分析。将患者随机分成 3 组，分别服用药物 A、B、C，然后分别在一周和一个月后对治疗效果进行评测，即进行 F 检验，就可以得到药物以及使用药物的时间对某病毒是否会起作用的结果，具体公式如下。

➤　通过 F 值检验行因素对因变量的影响是否显著，具体的 F 值公式如下。

$$F_R = \frac{\text{MSR}}{\text{MSE}} = \frac{\dfrac{\text{SSR}}{k-1}}{\dfrac{\text{SSE}}{(k-1)(r-1)}}$$

其中，行因素的误差平方和（SSR）的公式如下。

$$\text{SSR} = \sum_{i=1}^{k} \sum_{j=1}^{r} (\overline{x_{i*}} - \overline{x})^2$$

随机误差平方和 SSE 表示除行因素和列因素之外的剩余因素产生的误差平方和，公式如下。

$$\text{SSE} = \sum_{i=1}^{k} \sum_{j=1}^{r} (x_{ij} - \overline{x_{i*}} - \overline{x_{*j}} + \overline{x})^2$$

其中，行因素有 k 个水平，列因素有 r 个水平。$\overline{x_{i*}}$ 是行因素第 i 个水平下各观测值的平均值，$\overline{x_{*j}}$ 是列因素第 j 个水平下各观测值的均值，而 $\overline{x}$ 是全部样本数据的总平均值。

➤　通过 F 值检验列因素对因变量的影响是否显著，具体的 F 值公式如下。

$$F_C = \frac{\text{MSC}}{\text{MSE}} = \frac{\dfrac{\text{SSC}}{r-1}}{\dfrac{\text{SSE}}{(k-1)(r-1)}}$$

其中，列因素的误差平方和（SSC）的公式如下。

$$\text{SSC} = \sum_{i=1}^{k} \sum_{j=1}^{r} (\overline{x_{*j}} - \overline{x})^2$$

在实际问题中，首先仍是提出假设，假设自变量（行因素或列因素）对因变量没有影响。然后计算行、列的 F 值，当判断检测统计量 F_R/F_C 越大时，则拒绝原假设，即拒绝自变量（行因素或列因素）对因变量有显著影响的假设；否则不能拒绝原假设，即自变量（行因素或列因素）对因变量没有显著影响。

示例 6-2：验证使用药物的时间对某病毒的作用。

在对 5 种药物研究的基础上，验证使用药物的时间是否对某病毒也有作用，现采用方差分析的方法，先假设这 5 种药物中没有对某病毒有显著影响的药物，并且使用药物的时间对该病毒也没有显著影响。假设现每种药物选择 5 个患者进行实验，并分别在一周后和一个月后测量患者体温，基于用药时间的患者体温结果如表 6.2 所示。

表 6.2　基于用药时间的患者体温结果 　　　　　　　　　　单位：℃

患者编号	一周后					一个月后				
	1	2	3	4	5	1	2	3	4	5
药物 1	37.2	37.1	37.5	37.6	37.3	36.9	36.8	37.1	37.2	37.1
药物 2	37.3	36.8	37.1	36.9	38.2	37.9	36.7	37.1	36.5	36.9
药物 3	36.9	37.8	36.5	37.2	37.3	36.5	37.6	36.2	36.9	36.0
药物 4	38.1	38.6	37.8	38.1	38.3	37.5	37.4	36.9	37.2	37.1
药物 5	38.0	37.9	37.6	36.9	36.7	36.8	37.2	37.3	37.1	36.5

将上述数据转换成可分析的数据，格式如图 6.3 所示。

然后进行多因素方差分析（因为本例只涉及两个因素，因此也称为双因素方差分析），核心代码如下。

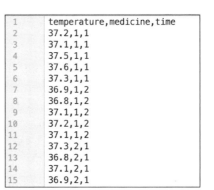

图6.3　体温与用药及用药时间数据

```
1.  import statsmodels.formula.api as smf
2.  import statsmodels.api as sm
3.  import pandas as pd
4.  import numpy as np
5.  """
6.  方差分析——多因素方差分析
7.  """
8.  def shuangYinSu():
9.      #读取数据
10.     df=pd.DataFrame(pd.read_csv("../data/shuangYinSu.csv"))
11.     formula='temperature ~ C(medicine) + C(time)'
12.     #smf：最小二乘法，构建线性回归模型
13.     lm=smf.ols(formula, df).fit()
14.     #anova_lm：多因素方差分析
15.     result=sm.stats.anova_lm(lm)
16.     print(result)
17. shuangYinSu()
```

该多因素方差分析运行结果如图 6.4 所示。

```
             df   sum_sq    mean_sq          F     PR(>F)
C(medicine)  4.0  3.4768   0.869200   4.540412   0.003710
C(time)      1.0  3.0258   3.025800  15.805775   0.000258
Residual    44.0  8.4232   0.191436        NaN        NaN

Process finished with exit code 0
```

图6.4　多因素方差分析运行结果

从图 6.4 中可以看到，对应药物（medicine）行，F 值约为 4.5404，而 F 值的概率 PR 值约为 0.0037，接近于 0，F 值大于 PR 值，因此拒绝原假设，即不同药物对某病毒

有显著影响。同理，对应用药时间（time）行，F 值约为 15.8058，PR 值约为 0.0003，接近于 0，F 值大于 PR 值，因此拒绝原假设，即使用药物的时间对某病毒也有显著影响。

示例 6-2 的代码中，获取数据的方式与示例 6-1 的相同，然后进行多因素方差分析。

➤ smf.ols(formula, df).fit()表示通过 statsmodels 数据分析工具库中的最小二乘法进行多项式拟合。

➤ sm.stats.anova_lm(lm)表示通过 statsmodels 数据分析工具库中的 anova_lm()方法进行多因素的方差分析。

任务 6.3　使用回归分析方法分析某病毒是否与温度、湿度呈线性关系

【任务描述】
通过回归分析方法分析某病毒是否与温度、湿度呈线性相关关系。

【关键步骤】
（1）了解回归分析方法的基本概念。

（2）了解常用的回归分析方法。

6.3.1　回归分析方法基本概念、作用

1．基本概念
回归分析方法是研究自变量和因变量之间数量变化关系的一种分析方法。其主要通过建立因变量 Y 与影响它的自变量 X 之间的回归模型，衡量自变量 X 对因变量 Y 的影响能力，进而预测因变量 Y 的发展趋势。

介绍回归分析方法，需要提及相关性分析方法。相关性分析方法是研究两个或两个以上变量间的相关关系的一种统计分析方法。回归分析方法和相关性分析方法类似，都是研究及测度两个或两个以上变量之间关系的方法。但在实际运用时，一般会先进行相关性分析，计算相关系数，然后建立回归模型，最后利用回归模型进行推算或预测。

回归分析方法和相关性分析方法的区别主要如下。

（1）回归分析方法需要定义自变量和因变量，自变量是确定的普通变量，因变量是随机变量；相关性分析方法不需要定义自变量和因变量，都是随机变量。

（2）相关性分析方法主要用来描述两个变量之间关系的紧密程度；回归分析方法不仅可以揭示自变量对因变量的影响程度，而且可以根据回归模型对因变量进行预测。

2．回归分析方法的作用
（1）选择与因变量相关的自变量

对某一现象建模，能更好地了解该现象，并有可能基于对该现象的了解来影响政策

的制定以及决定采取何种响应措施。例如了解某病毒存活的条件（温度、湿度、距离等），可帮助人们通过高温消毒等有效措施预防感染某病毒。

（2）描述因变量与自变量之间的关系强度

通过建立回归分析模型，可以知道因变量与自变量之间的紧密联系程度。例如某病毒是否存活与温度的高低形成紧密联系，当温度过高时，该病毒无法存活。

（3）生成回归模型，通过自变量预测因变量

通过生成的回归模型，可以进行因变量的预测。例如对某病毒与温度建模，随着夏天的来临，温度越来越高，预测该病毒是否会继续存活。

（4）根据回归模型，通过因变量控制自变量

根据回归模型，可以利用因变量控制自变量。例如已知某病毒在 56℃ 以上无法存活，我们在消灭该病毒时可以控制温度使其达到 56℃ 以上。当然这里只是针对温度一个因素举例以说明自变量和因变量的关系。在实际操作中，时间等因素也是需要同时考虑的。

6.3.2 线性回归分析方法

回归分析方法可分为多种，如线性回归、逻辑回归、岭回归和多项式回归等。本章主要针对常用的线性回归和逻辑回归进行介绍。

线性回归是人们熟知的建模技术之一。在线性回归中，因变量是连续的，自变量可以是连续的也可以是离散的，通过选择最优的回归线建立因变量 Y 和自变量 X 之间的联系。当自变量是一维自变量时，可找出一条最能够代表所有观测样本的直线，公式如下。

$$Y = wX + b$$

其中，b 表示截距，w 表示直线斜率。当自变量是高维自变量时，则需要找到一个超平面，使得数据点与这个平面的距离最小。

对一维自变量来说，要得到最优的 w 和 b，使得尽可能多的点 (X, Y) 落到回归线上或更加靠近这条回归线，最小二乘法是一个比较好的选择。最小二乘法通过最小化误差的平方和，寻找数据的最佳匹配函数。最小二乘法在回归模型上的应用，就是要使得观测点和估计点的距离的平方和最小，让尽可能多的点 (X, Y) 落到回归线上或更加靠近回归线，如图 6.5 所示。

如图 6.5 所示，需要通过最小二乘法找到图中 3 个深色点的回归线。具体做法是：首先找到深色点到回归线 $Y=wX+b$ 的映射点（浅色点），然后计算深色点和浅色点之间的距离的平方值，对这些距离的平方求和，得到一个值 S，随着 $Y=wX+b$ 中参数的变化，直线的位置相应改变，而 S 也会随之改变，找到使得 S 最小的直线 Y，即最终的回归线。这个实现过程即利用最小二乘法找到回归线实现线性回归的过程。

示例 6-3：研究某病毒存活个数是否与温度有关。

假设现有图 6.6 所示的数据。其中，temperature 列是温度（单位为℃），count 列为病毒存活个数（单位为个）。通过这些数据确定某病毒存活个数是否与温度有关。如果有关，再预测一下当温度是 63℃ 时的病毒存活个数，以及当温度是 76℃ 时的病毒存活个数。

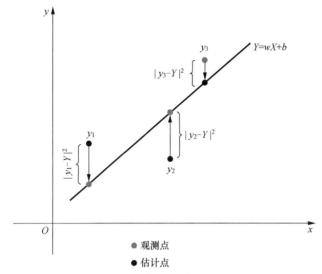

图6.5　最小二乘法图示

1	temperature,count
2	5,1000
3	10,950
4	12,943
5	14,923
6	20,910
7	21,900
8	25,889
9	27,879
10	30,870
11	32,832
12	33,827
13	35,801
14	38,783
15	40,620

图6.6　某病毒存活个数与温度数据

线性回归分析核心代码如下。

```
1.  import pandas as pd
2.  import numpy as np
3.  from sklearn.linear_model import LinearRegression
4.  """
5.  回归分析——线性回归
6.  """
7.  def linear():
8.      #读取数据并创建名为 data 的数据表
9.      data=pd.DataFrame(pd.read_csv("../data/linear.csv"))
10.     X=np.array(data[['temperature']])
11.     Y=np.array(data['count'])
12.     #求 X 和 Y 的相关系数
13.     print("=======相关系数=======")
14.     print(data.corr())
15.     #建立回归模型，得到 lrModel 的模型变量
16.     lrModel=LinearRegression()
17.     #模型训练
18.     lrModel.fit(X,Y)  #参数求解的过程，并对模型进行拟合
19.     #对回归模型进行检验
20.     print("=======判定系数=======")
21.     print(lrModel.score(X,Y))
22.     #利用回归模型进行预测
23.     print("=======预测结果=======")
24.     print(lrModel.predict([[63],[76]]))
25. linear()
```

该线性回归分析运行结果如图 6.7 所示。

通过相关系数和判定系数可以看出，某病毒与温度是有负相关关系的。通过模型预测可知，当温度是 63℃时，病毒存活个数约为 355 个；当温度是 76℃时，病毒存活个数约为 191 个。

```
/Users/zhouguangyu/anaconda3/envs/dataview/bin/python3.6 /Users/zhouguangyu/dataAnalysis/regression/linearRegression.py
======相关系数======
         aa        bb
aa  1.000000 -0.925366
bb -0.925366  1.000000
======判定系数======
0.856302045326
======预测结果======
[ 355.14198708  191.20054359]
```

图6.7　线性回归分析运行结果

在示例 6-3 中，获取数据的方式同示例 6-1 的一致，获取数据后进行线性回归分析。

➢ np.array(data[['aa']])表示取 aa 列的数据。

➢ data.corr()表示得到数据之间的相关系数，判断因变量与自变量是否有关。

➢ LinearRegression()表示通过 sklearn 数据分析工具库建立回归模型。

➢ lrModel.fit(X,Y)表示通过 fit()函数对模型进行拟合，模型只有在拟合后才可以使用。

➢ lrModel.score(X,Y)表示计算因变量与自变量的判定系数，即两者的关系是强相关还是弱相关。在示例 6-3 中，判定系数为 0.8563，表示两者的关系为强相关。

➢ lrModel.predict([[63],[76]])表示通过模型进行预测。示例 6-3 中的预测温度分别为 63℃和 76℃时，病毒存活个数。

6.3.3　逻辑回归分析方法

逻辑回归广泛应用在分类问题上，不要求自变量和因变量存在线性关系。其可以用于处理多种类型的关系，因为它对预测的相对风险指数进行了非线性的对数转换。当因变量属于二元变量时，即二分类问题，就可以选用逻辑回归的方法。

当通过逻辑回归实现二分类时，相当于在空间中找到一条曲线，将数据点按相对曲线的位置分成上、下两类。逻辑回归中选用 Sigmoid 函数，将函数值按照正负性分成两类。Sigmoid 函数的公式如下。

$$\Phi(z) = \frac{1}{1 + e^{-z}}$$

当 $z > 0$ 时，Sigmoid 函数的值大于 0.5；当 $z < 0$ 时，Sigmoid 函数的值小于 0.5。因此可以通过将 Sigmoid 函数的值与 0.5 进行比较来确定其分类。Sigmoid 函数曲线如图 6.8 所示。

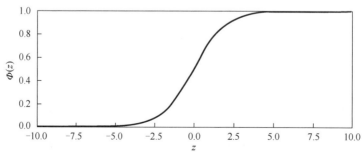

图6.8　Sigmoid函数曲线

示例 6-4：研究某病毒存活条件与温度和湿度的关系。

假设现有图 6.9 所示的数据，temperature 列为温度，humidity 列为湿度，class 列为类别（1 为存活，0 为死亡）。通过这些数据可确定某病毒存活条件与温度和湿度的关系。请预测在温度值是 95、湿度值是 95 时，病毒是否存活，以及当温度值是 50、湿度值是 80 时，病毒是否存活。

```
1   temperature,humidity,class
2   5.127,74.978,1
3   -9.274,96.247,1
4   -21.371,79.613,1
5   -37.500,85.109,1
6   -51.325,69.282,1
7   -52.477,80.490,1
8   -39.804,71.718,1
9   -30.588,60.388,1
10  1.671,69.788,1
11  13.191,78.306,1
12  38.537,60.747,1
13  52.938,65.940,1
14  53.882,73.829,1
15  23.675,60.753,1
```

图6.9　是否存活与温度和湿度对照数据

逻辑回归核心代码如下。

```python
1.  from sklearn.model_selection import train_test_split
2.  from sklearn.linear_model import LogisticRegression
3.  import numpy as np
4.  import pandas as pd
5.  from sklearn.preprocessing import PolynomialFeatures
6.  from sklearn.pipeline import Pipeline
7.  from sklearn.preprocessing import StandardScaler
8.  """
9.  回归分析——逻辑回归
10. """
11. def logisticRegression(degree):
12.     return Pipeline([
13.         ('polyFea', PolynomialFeatures(degree=degree)),
14.         ('stdScaler', StandardScaler()),
15.         ('logReg', LogisticRegression())
16.     ])
17. def logistic():
18.     #读取数据并创建名为 data 的数据表
19.     data=pd.DataFrame(pd.read_csv("../data/twoFactorData.csv"))
20.     #将温度和湿度表示为特征 X
21.     X=np.array(data[['temperature','humidity']])
22.     #将病毒是否存活表示为目标 Y
23.     Y=np.array(data['class'])
24.     #数据分割，分成训练数据集和测试数据集
25.     X_train, X_test, y_train, y_test=train_test_split(X, Y, random_state=888)
26.     #训练模型
27.     model=logisticRegression(degree=2)
28.     model.fit(X_train, y_train)
29.     print("=======模型得分=======")
```

```
30.     print(model.score(X_train, y_train))
31.     print("======测试数据集准确率======")
32.     print(model.score(X_test, y_test))
33.     print("======预测所属类别======")
34.     print(model.predict([[95,95],[50,80]]))
35. logistic()
```

该逻辑回归运行结果如图 6.10 所示。

```
/Users/zhouguangyu/anaconda3/envs/dataview/bin/python3.6 /Users/zhouguangyu/dataAnalysis/regression/logistic.py
======模型得分======
0.75
======测试数据集准确率======
0.9
======预测所属类别======
[0 1]

Process finished with exit code 0
```

图6.10 逻辑回归运行结果

该示例的数据是均衡样本分布的，因此模型得分 0.75 以及测试数据集的准确率 0.9 说明此逻辑回归模型效果较佳，可以进行预测。预测当温度值是 95、湿度值是 95 时，病毒死亡；当温度值是 50、湿度值是 80 时，病毒存活。

在示例 6-4 中，获取数据的方式与示例 6-3 的相同，这里主要介绍其他代码的含义。

➢ train_test_split(X,Y,random_state=888)表示将数据分成训练数据集和测试数据集。其中，random_state 是随机数的"种子"，对其赋值可以保证每次运行的结果相同。

➢ Pipeline()里是一个列表，表示 sklearn 会顺序执行列表里的步骤。Pipeline()里包含多个元组，元组中第一个参数是名称，可以任意设定，第二个参数是处理的函数。在示例 6-4 中，第一步是构造多项式，第二步是归一化，第三步是逻辑回归处理。

任务 6.4 使用判别分析方法预测某病毒在一定的温度、湿度下是否可以存活

【任务描述】

使用判别分析方法预测某病毒在一定的温度、湿度下是否可以存活。

【关键步骤】

（1）了解判别分析方法的基本概念。

（2）了解常用的判别分析方法。

6.4.1 判别分析方法基本概念

判别分析方法是一种依据已有数据判别新数据所属分类的统计方法。对于未分类的数

据，通过判别分析方法可以将其分到已有分类中，这就是判别分析的意义。

例如一个人出现感冒、发烧等症状，需要判别其是感染了流感病毒还是其他病毒，这是一个二分类问题。这个问题就可以用判别分析方法分析；再例如前文提到的病毒存活的条件与温度和湿度的关系的例子，当温度和湿度给定时，病毒是否存活的二分类问题同样可以用判别分析方法分析。

常见的判别分析方法有距离判别法、Fisher 判别法和贝叶斯判别法等。本章主要针对 Fisher 判别法和贝叶斯判别法进行介绍。

6.4.2　Fisher 判别法

Fisher 判别法也称为线性判别分析（linear discriminant analysis，LDA）法，其基本思想就是投影，是将表面上不易分类的数据投影到某个方向上，使得投影中类与类之间得以分离的一种判别分析方法。简单来说，Fisher 判别法就是找到一条过原点的最易于分类的投影线。

如图 6.11 所示，两条投影线 A、B，将所有点投向 A 和 B，假设所有点到 A 的距离和到 B 的距离差不多，那么如果 A 的线长于 B 的线，则说明 A 的投影线优于 B 的投影线。因为在点到线的距离差不多时，线越长，说

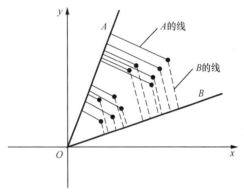

图6.11　Fisher判别法图示

明越容易分成两类（以二分类为例，也可以为多分类）。如果线一样长，那么要选择所有点到投影线距离最近的投影线。

示例 6-5：用 Fisher 判别法进行计算与预测。

将示例 6-4 用 Fisher 判别法进行计算与预测。使用 Fisher 判别法的核心代码如下。

```
1.   #导入数值计算库
2.   import numpy as np
3.   #导入科学计算库
4.   import pandas as pd
5.   from sklearn.discriminant_analysis import LinearDiscriminantAnalysis
6.   """
7.   判别分析——Fisher 判别
8.   """
9.   def fisher():
10.      #读取数据并创建名为data的数据表
11.      data=pd.DataFrame(pd.read_csv("../data/twoFactorData.csv"))
12.      #设置温度和湿度为特征 X
13.      X=np.array(data[['temperature', 'humidity']])
14.      #设置病毒是否存活为目标 Y
15.      Y=np.array(data['class'])
16.      lda=LinearDiscriminantAnalysis(n_components=2)
17.      print(lda)
```

```
18.     lda.fit_transform(X, Y)
19.     print(lda.predict([[95, 95], [50, 80]]))
20. fisher()
```

使用 Fisher 判别法的运行结果如图 6.12 所示。

```
/Users/zhouguangyu/anaconda3/envs/dataview/bin/python3.6 /Users/zhouguangyu/dataAnalysis/Discriminant/Fisher.py
LinearDiscriminantAnalysis(n_components=2, priors=None, shrinkage=None,
            solver='svd', store_covariance=False, tol=0.0001)
[0 0]

Process finished with exit code 0
```

图6.12　使用Fisher判别法的运行结果

通过结果可以看出，当温度值是 95、湿度值是 95 时，预测病毒死亡；当温度值是 50、湿度值是 80 时，预测病毒死亡。从中可以看出，Fisher 判别法预测的效果并不好，原因可能是训练数据过少。

在示例 6-5 中，主要代码是 LinearDiscriminantAnalysis(n_components=2)，其通过 sklearn 数据分析工具库中的 LinearDiscriminantAnalysis()方法进行 Fisher 判别法计算，其中 n_components 是需要保留的特征个数。

6.4.3　贝叶斯判别法

贝叶斯判别法是以错分概率或风险最小为准则的判别规则。

贝叶斯判别法的基本公式如下。

$$P(B_i \mid A) = \frac{P(A \mid B_i)P(B_i)}{\sum P(A \mid B_i)P(B_i)}$$

其中，$P(B_i|A)$是条件概率，表示已知 A 发生后 B_i 的概率，同理 $P(A|B_i)$是已知 B_i 发生后 A 的概率。

例如，有两种药物可以用于治疗某病毒引起的疾病，药物 A 可以治愈的概率为 0.8，不能治愈的概率是 0.2，而一个人通过自身免疫可以痊愈的概率均为 0.6，不能痊愈的概率为 0.4。那么一个人服用药物 A 后痊愈的概率是多少？这个问题就可以用贝叶斯判别法进行分析，过程如下。

$$P(痊愈/药物A) = \frac{P(痊愈)\,P\left(\dfrac{药物A}{痊愈}\right)}{P(痊愈)\,P\left(\dfrac{药物A}{痊愈}\right) + P(未痊愈)\,P\left(\dfrac{药物A}{未痊愈}\right)}$$

$$= \frac{0.5 \times 0.8}{0.6 \times 0.8 + 0.4 \times 0.2} \approx 71.43\%$$

示例 6-6：用贝叶斯判别法进行计算与预测。

将示例 6-4 用贝叶斯判别法进行计算与预测。使用贝叶斯判别法的核心代码如下。

```
1.  #导入数值计算库
2.  import numpy as np
3.  #导入科学计算库
```

```
4.  import pandas as pd
5.  from sklearn.naive_bayes import GaussianNB
6.
7.  """
8.  判别分析——贝叶斯判别
9.  """
10. def Bayes():
11.     #读取数据并创建名为data 的数据表
12.     data=pd.DataFrame(pd.read_csv("../data/twoFactorData.csv"))
13.     #设置温度和湿度为特征 X
14.     X=np.array(data[['temperature','humidity']])
15.     #设置病毒是否存活为目标 Y
16.     Y=np.array(data['class'])
17.     clf=GaussianNB()
18.     #拟合数据
19.     clf.fit(X, Y)
20.     #进行预测
21.     print(clf.predict([[95, 95], [50, 80]]))
22. Bayes()
```

使用贝叶斯判别法的运行结果如图 6.13 所示。

```
/Users/zhouguangyu/anaconda3/envs/dataview/bin/python3.6 /Users/zhouguangyu/dataAnalysis/Discriminant/Bayes.py
[0 1]

Process finished with exit code 0
```

图6.13　使用贝叶斯判别法的运行结果

通过结果可以看出，当温度值是 95、湿度值是 95 时，预测病毒死亡；当温度值是 50、湿度值是 80 时，预测病毒存活。

在示例 6-6 中，主要代码是 GaussianNB()，其通过 sklearn 数据分析工具库中的高斯分布方法计算先验概率，从而进行贝叶斯判别法计算。

任务 6.5　使用聚类分析方法分析某病毒与温度、湿度的关系

【任务描述】

通过聚类分析方法分析某病毒与湿度、温度的关系。

【关键步骤】

（1）了解聚类分析方法的基本概念。

（2）了解常用的聚类分析方法。

6.5.1　聚类分析方法基本概念

聚类分析方法是依据在数据中发现的描述对象及其关系的信息，将数据进行分组。分组后，组内的对象相互之间是相似的，而不同组中的对象是不同的。组内对象相似性越大，组间差距越大，说明聚类效果越好。

聚类分析方法与判别分析方法很相似，不同之处在于：判别分析方法是已经有分类，然后将新数据对应到已有分类中的一类即可；聚类分析方法是事先没有分类，通过聚类算法将数据划分为多个类别。

例如，某病毒感染人群，通过他们的性别、年龄、有无风险地区出行史等特征对感染人群进行聚类，就可以在不知道有哪些分类的情况下得到类别数据。再例如，前文提到的病毒存活条件与温度、湿度的关系问题，将类别去掉，即为聚类问题。

6.5.2　k 均值聚类算法

聚类算法包括 k 均值聚类算法、层次聚类算法、密度聚类算法和网格聚类算法等。本书主要针对常用的 k 均值聚类算法和层次聚类算法进行介绍。

当数据量并不算特别大的时候，k 均值聚类算法是常用的一种聚类算法，其聚类过程如下。

（1）随机选择 k 个初始质心，代表分成 k 类。

（2）把剩余数据值指派到离它最近的质心，并合为一类，即将所有点都合并到离该点最近的质心那一类里。

（3）重新计算每个类的质心，即取该类下所有数据的平均向量。

（4）重复（2）、（3）两步。

（5）直到质心不再发生变化时或已达到最大迭代次数时停止。

示例 6-7：用 k 均值聚类算法进行聚类并预测。

将示例 6-4 用 k 均值聚类算法进行聚类并预测。k 均值聚类算法的核心代码如下。

```
1.  import numpy as np
2.  import pandas as pd
3.  from sklearn.cluster import KMeans #引入KMeans
4.  from sklearn .externals import joblib
5.
6.  """
7.  聚类分析——k 均值聚类
8.  """
9.  centers=2
10. def kmeans():
11.     #读取数据并创建名为 data 的数据表
12.     data=pd.DataFrame(pd.read_csv("../data/twoFactorData.csv"))
13.     #设置温度和湿度为特征 X
14.     X=np.array(data[['temperature','humidity']])
15.     #设置病毒是否存活为目标 Y
16.     Y=np.array(data['class'])
17.     #模型的构建
18.     km=KMeans(n_clusters=centers, random_state=28)
19.     y_pred=km.fit_predict(X)
20.     print(y_pred)
21.     #中心点
22.     print("=======中心点=======")
23.     print(km.cluster_centers_)
```

```
24.     #每个样本所属的簇
25.     print("======样本所属类别======")
26.     print(km.labels_)
27.     #每个点到其簇的质心的距离之和，用来判断簇的个数是否合适
28.     #距离越小说明簇分得越好，进而选取临界点的簇个数
29.     print("======评估分数======")
30.     print(km.inertia_)
31.     #进行预测
32.     print("======预测======")
33.     print(km.predict([[95, 95], [50, 80]]))
34.     #保存模型
35.     #joblib.dump(km, 'km.pkl')
36.     #载入保存的模型
37.     #clf=joblib.load('km.pkl')
38. kmeans()
```

该 k 均值聚类的运行结果如图 6.14 所示。

```
/Users/zhouguangyu/anaconda3/envs/dataview/bin/python3.6 /Users/zhouguangyu/dataAnalysis/cluster/kmeans.py
[1 1 1 1 1 1 1 1 0 0 0 0 0 0 0 1 1 0 0 0 0 0 0 0 0 1 0 0 0 1 1 1 1
 1 0 0 0 0 0 0 0 0 0 1 1 1 1 1 0 0 0 0 0 0 0 0 0 0 0 0 0 0 0 0 0 0 0
 0 0 0 0 0 1 1 1 1 1 1 1 1 1 0 1 1 1 0 0 0 0 0 0 0 1 1 1 1 1 1 1 1
 1 1 1 1 1 0]
======中心点======
[[ 47.20657812 76.3315    ]
 [-34.48109259 79.31627778]]
======样本所属类别======
[1 1 1 1 1 1 1 1 0 0 0 0 0 0 0 1 1 0 0 0 0 0 0 0 0 1 0 0 0 1 1 1 1
 1 0 0 0 0 0 0 0 0 0 1 1 1 1 1 0 0 0 0 0 0 0 0 0 0 0 0 0 0 0 0 0 0 0
 0 0 0 0 0 1 1 1 1 1 1 1 1 1 0 1 1 1 0 0 0 0 0 0 0 1 1 1 1 1 1 1 1
 1 1 1 1 1 0]
======评估分数======
132652.544803
======预测======
[0 0]

Process finished with exit code 0
```

图6.14　k均值聚类的运行结果

通过结果可以看出，如果聚类为两类，当温度值是 95、湿度值是 95 时，预测病毒死亡；当温度值是 50、湿度值是 80 时，预测病毒死亡。预测错误的原因可能是数据过少。

在示例 6-7 中，主要代码是 KMeans(n_clusters=centers, random_state=28)，其通过 sklearn 数据分析工具库中的 KMeans()方法进行计算，其中 n_clusters 是聚类的类别数，示例 6-7 中是聚成两类，random_state 是随机数的"种子"。

6.5.3　层次聚类算法

层次聚类算法相当于把每一个单个的数值当作一个类，然后计算各类之间的距离，选取最相近的两个类，合并成一个类。在两两合并后的多个新类中，继续选取最近的两个类进行合并，如此反复，直到最后只有一个类为止。

如图 6.15 所示，可将原始数据 a、b、c、d、e、f 看成 6 个类，然后取距离最近的两个类合并成一个类，如把 a、b 合成一个类，e、f 合成一个类，然后在 ab、c、d、ef 这 4 个类中取最近的两个类合并，如此反复，直到合并成一个类。最后通过取得类别的数量，判定每个类中的元素。

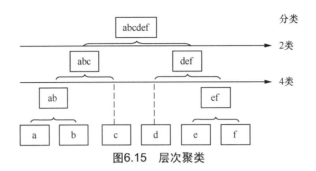

图6.15　层次聚类

示例 6-8：使用层次聚类算法实现聚类并预测。

将示例 6-4 用层次聚类算法实现聚类并预测。层次聚类算法的代码如下。

```
1.  #导入数值计算库
2.  import numpy as np
3.  #导入科学计算库
4.  import pandas as pd
5.  import sklearn.cluster as sc
6.  """
7.  聚类分析——层次聚类
8.  """
9.  def hierarchical():
10.     #读取数据
11.     data=pd.DataFrame(pd.read_csv("../data/twoFactorData.csv"))
12.     #设置温度和湿度为特征 X
13.     X=np.array(data[['temperature','humidity']])
14.     #聚类模型
15.     model=sc.AgglomerativeClustering(n_clusters=2)
16.     pred_y=model.fit(X)
17.     print(pred_y)
18.     #预测
19.     print(model.fit_predict([[95,95], [50,80]]))
20. hierarchical()
```

该层次聚类的运行结果如图 6.16 所示。

```
/Users/zhouguangyu/anaconda3/envs/dataview/bin/python3.6 /Users/zhouguangyu/dataAnalysis/cluster/Hierarchical.py
AgglomerativeClustering(affinity='euclidean', compute_full_tree='auto',
        connectivity=None, linkage='ward', memory=None, n_clusters=2,
        pooling_func=<function mean at 0x10706c510>)

[1 0]

Process finished with exit code 0
```

图6.16　层次聚类的运行结果

通过结果可以看出，当温度值是 95、湿度值是 95 时，预测病毒存活；当温度值是 50、湿度值是 80 时，预测病毒死亡。从中可以看出层次聚类预测的效果并不好，原因可能还是训练数据过少。

在示例 6-8 中，主要代码是 sc.AgglomerativeClustering(n_clusters=2)，其通过 sklearn 数据分析工具库中的 AgglomerativeClustering()方法进行计算，其中 n_clusters 是聚类的类别数。

本章小结

➤ 常用的数据分析方法，包括方差分析、回归分析、判别分析以及聚类分析方法。

➤ 常用的方差分析方法，包括单因素方差分析方法和多因素方差分析方法。

➤ 常用的回归分析方法，包括线性回归分析方法和逻辑回归分析方法。

➤ 常用的判别分析方法，包括 Fisher 判别法和贝叶斯判别法。

➤ 常用的聚类分析方法，包括 k 均值聚类算法和层次聚类算法。

本章习题

1. 简答题

（1）如何判定方差分析的效果？

（2）方差分析的基本假定是什么？

（3）判别分析与聚类分析的区别是什么？

2. 编程题

需求：研究确认某病毒引起的疾病的治疗与药物、用药时间、是否在风险地区治疗有无关系。现有数据如下（也可自己生成数据），请通过多因素方差分析方法分析上面 3 种因素是否对该病毒引起的疾病的治疗有影响。

37.2,1,1,1	37.3,2,1,1	36.9,3,1,1	38.1,4,1,0	38.0,5,1,0
37.1,1,1,1	36.8,2,1,1	37.8,3,1,1	38.6,4,1,0	37.9,5,1,0
37.5,1,1,1	37.1,2,1,1	36.5,3,1,1	37.8,4,1,0	37.6,5,1,0
37.6,1,1,1	36.9,2,1,1	37.2,3,1,1	38.1,4,1,0	36.9,5,1,0
37.3,1,1,1	38.2,2,1,1	37.3,3,1,0	38.3,4,1,0	36.7,5,1,0
36.9,1,2,1	37.9,2,2,1	36.5,3,2,0	37.5,4,2,0	36.8,5,2,0
36.8,1,2,1	36.7,2,2,1	37.6,3,2,0	37.4,4,2,0	37.2,5,2,0
37.1,1,2,1	37.1,2,2,1	36.2,3,2,0	36.9,4,2,0	37.3,5,2,0
37.2,1,2,1	36.5,2,2,1	36.9,3,2,0	37.2,4,2,0	37.1,5,2,0
37.1,1,2,1	36.9,2,2,1	36.0,3,2,0	37.1,4,2,0	36.5,5,2,0

数据分 4 列，各列列名分别为：temperature、medicine、time、fengxiandiqu。

Matplotlib 数据可视化

➢ 了解 Matplotlib 的核心原理
➢ 掌握使用 Matplotlib 绘制线图和散点图的方法
➢ 掌握使用 Matplotlib 绘制柱状图和饼状图的方法

学习本章，读者需要完成以下 2 个任务。

任务 7.1　使用 Matplotlib 绘制招聘职位数量关系的线图与散点图

了解为什么要进行可视化；掌握 Matplotlib 的安装方式，以及如何利用 Matplotlib 绘制线图和散点图。

任务 7.2　使用 Matplotlib 绘制不同季度不同产品销售额关系的柱状图与饼状图

掌握如何利用 Matplotlib 绘制柱状图和饼状图。

Matplotlib 是 Python 的一款可视化绘图库，是目前被广泛应用的一种可视化工具。利用 Matplotlib 可以将抽象的数据可视化成不同的图形，通过对图形的观察理解抽象数据背后隐藏的含义。Matplotlib 可绘制大部分常用图形，如线图、散点图、柱状图等，操作方便、易于上手，图形的样式也可自定义更改，能满足市场上的大部分需求。

任务 7.1 使用 Matplotlib 绘制招聘职位数量关系的线图与散点图

【任务描述】

了解为什么要进行可视化；掌握 Matplotlib 的安装方式，以及如何利用 Matplotlib 绘制线图和散点图。

【关键步骤】

（1）了解为什么要进行可视化。

（2）掌握 Matplotlib 的安装方式以及其核心原理。

（3）掌握使用 Matplotlib 绘制线图的方法。

（4）掌握使用 Matplotlib 绘制散点图的方法。

7.1.1 进行可视化的原因

可视化是指将数据通过图形或图像的方法展示出来的一个过程，它将难以直接显示的数据转化成直观的图形、符号等，帮助人们快速理解。

在可视化出现之前，人们通常只能凭借经验对数据进行整合统计分析，对一个领域的非专业人士而言，很难通过大量数据快速、准确地理解数据背后所隐含的现象，而可视化解决了这个问题，可视化的出现能帮助非专业人士通过图形或图像等轻松挖掘数据背后的意义。因此，进行可视化的原因可以大致概括成以下 3 点。

1. 可视化使数据更直观

大量的抽象数字"堆叠"在一起，很难从中快速挖掘有价值的信息，而将抽象的数字转成图表，可以轻松突出数据的重点。例如截至 2020 年 4 月 22 日早上 6 点 18 分，某疾病确诊人数统计，如表 7.1 所示。

表 7.1 某疾病确诊人数统计

地区	现有确诊人数	地区	现有确诊人数	地区	现有确诊人数
北京	69	新疆	0	澳门	0
内蒙古	85	青海	0	台湾	202
黑龙江	425	西藏	0	海南	0
吉林	7	甘肃	0	广西	0
辽宁	1	宁夏	0	浙江	16
天津	10	陕西	21	福建	13
河北	5	四川	4	广东	73
山东	15	云南	4	江西	0
山西	57	重庆	3	贵州	0
河南	0	湖北	102	香港	375
江苏	9	湖南	0	上海	101
安徽	1				

根据表 7.1 找出人数最多的省份，估计大多数人都需要逐个比较，然后找出相应的地区，但是如果使用可视化图表，就可以快速定位。

2. 可视化可以降低学习成本

可视化能将数字直观地表现出来，非专业人士也可以快速看懂数字，然后深入挖掘数字背后的意义，这样大大降低了非专业人士的学习成本。例如对于公司的利润表，非专业人士很难看懂，但是如果通过可视化将其表现出来，那么非专业人士可以轻松看出公司是否盈利等信息。

3. 可视化便于记忆

人脑对图像的敏感度比对文字的敏感度高，通过图表总结大量、复杂的数据便于人脑的记忆与理解。例如，在演讲中使用图表比纯使用文字更加能让观众印象深刻，更有利于让观众理解演讲者演讲的内容。

7.1.2 Matplotlib 的安装方式

Matplotlib 是 Python 的一款可视化绘图库，继承了 Python 语法的优点，其代码简洁、易于阅读与维护。由于 Matplotlib 依附于 Python，因此，在通过 Python 分析数据时，它可以与 Python 程序"无缝衔接"，实时绘制图表，非常方便、快捷。

Matplotlib 是可视化库中较基础的一种，也是应用较广泛的一种，很多其他可视化库是基于它开发的，例如 seaborn 等。因此，在介绍可视化库时，Matplotlib 是首选介绍内容。本章将通过 Matplotlib 库示例，详细介绍 4 种常用且基础的图形——线图、散点图、柱状图和饼状图。

Matplotlib 可以通过 Anaconda 进行安装，安装命令为 conda install matplotlib，执行命令后进入命令提示符窗口，输入 import matplotlib 并按回车键，查看是否安装成功。安装成功，则界面返回如图 7.1 所示信息。

```
(dataview) zhouguagyudeMBP:data zhouguangyu$ python
Python 3.6.2 |Continuum Analytics, Inc.| (default, Jul 20 2017, 13:14:59)
[GCC 4.2.1 Compatible Apple LLVM 6.0 (clang-600.0.57)] on darwin
Type "help", "copyright", "credits" or "license" for more information.
>>> import matplotlib
>>>
```

图7.1　Matplotlib安装成功信息

接下来就可以开始 Matplotlib 的绘图工作了。在正式进行可视化的介绍之前，先来看一条简单绘制的折线图，如图 7.2 所示，让读者有个总体的视觉体验。

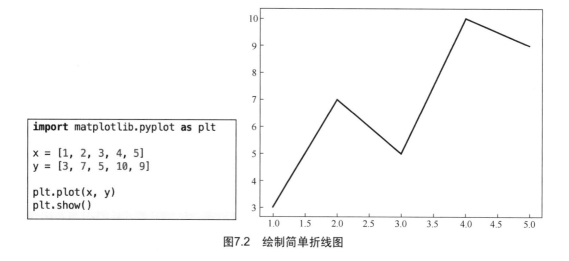

```
import matplotlib.pyplot as plt

x = [1, 2, 3, 4, 5]
y = [3, 7, 5, 10, 9]

plt.plot(x, y)
plt.show()
```

图7.2　绘制简单折线图

7.1.3　Matplotlib 的核心原理

理解 Matplotlib 中的核心原理就是理解 3 个名称的含义：坐标轴（axis）、画布（figure）、坐标系（axes）。

坐标轴很容易理解，对于 2D 图，坐标轴就是 X 轴和 Y 轴，而对于 3D 图，坐标轴则是 X 轴、Y 轴和 Z 轴；画布，顾名思义，与绘画的画布差不多，就是一个作画的画板；而坐标系是指绘图的区域，一张画布上可能会有多个绘图区域，即会有多个坐标系。为了使读者更加直观地理解这 3 个名称，下面说明：图 7.3 是绘制多坐标系图形的代码，图 7.4 是绘制的多坐标系图形。

如图 7.4 所示，最外层的框是画布，内层的两个浅色框是坐标系。图 7.4 中有两个坐标系，每个坐标系里分别有一个 X 轴和一个 Y 轴，也就是坐标轴。图 7.4 中左边的坐标系表现的是折线图，右边的坐标系表现的是散点图，关于折线图和散点图的绘制本章会详细介绍。

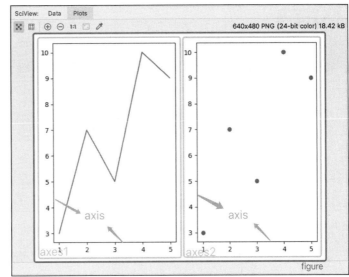

```
import matplotlib.pyplot as plt

x = [1, 2, 3, 4, 5]
y = [3, 7, 5, 10, 9]

figure = plt.figure()
axes1 = figure.add_subplot(1,2,1)
axes2 = figure.add_subplot(1,2,2)

axes1.plot(x, y)    # 折线
axes2.scatter(x, y)  # 散点
figure.show()
```

图7.3　绘制多坐标系图形的
代码示例

图7.4　绘制的多坐标系图形

7.1.4　使用 Matplotlib 绘制招聘职位数量关系的线图

数据分析中较常用的是线图和散点图，本小节先详细介绍如何绘制线图。线图是用来分析因变量随自变量变化而变化的走势图，可以反映出数据的差异以及增长、下降情况，非常适合用于随时间变化的连续数据。

在绘制线图时，数据可以直接给定也可以通过文件导入。对于前者，可以通过 plot() 函数绘制数据对应的图形；而对于后者，则可以通过 pandas 导入数据，然后调用 plot() 函数绘制图形。下面将详细介绍这两种绘制图形的方法。

1．直接通过给定数据绘制线图

调用方法如下。

```
plot(x, y, ls, lw, c, marker, label)
```

其常用参数说明如表 7.2 所示。

表 7.2　线图调用方法常用参数说明

参数	说明	是否必须	举例
x	X 轴的数据	是	[1,3,5]
y	Y 轴的数据	是	[2,4,6]
ls	线条风格	否	ls='–'（表示直线）
lw	线条宽度	否	lw=2
c	线条颜色	否	c='red'（表示红色）
label	文本标签	否	"x 对应的 y_"

注意

通过 plot() 绘制线图的参数还有一些是不常用的。如果读者想要了解，可以自行查阅资料，以上参数在绘制折线图时已经完全够用。

示例 7-1：绘制斜率为 3 和 5 的直线图。

通过 NumPy 生成 10 个 0～100 的线性平均数据，然后通过 plot() 函数分别绘制斜率为 3 和 5 的直线图。

关键步骤如下。

（1）引入 Matplotlib 中的 pyplot，记为 plt。

（2）准备数据。

（3）通过 Matplotlib 绘制图形。

本章介绍的绘制图形的过程基本遵循上面的关键步骤，因此本章将不赘述。

其核心代码如下。

```python
1.  import numpy as np
2.  import matplotlib.pyplot as plt
3.  plt.rcParams['font.sans-serif']=['Arial Unicode MS']
4.  def function1():
5.      x=np.linspace(0,100,10) #生成 10 个 0～100 的等差数列
6.      y=x*3
7.      y_=x*5
8.      plt.plot(x, y)
9.      plt.plot(x, y_, c='red', lw=2, ls='--', label="x 对应的 y_")
10.     plt.legend(loc='center') #显示标签位置
11.     plt.show()
12. if__name__== '__main__':
13.     function1()
```

绘制的直线图结果如图 7.5 所示。

核心代码详细说明如下。

➢ import matplotlib.pyplot as plt：只有引用 Matplotlib 中的 pyplot，才可以进行接下来的绘图。

➢ plt.rcParams['font.sans-serif']=['Arial Unicode MS']：表示可以正常显示中文。

➢ x=np.linspace(0,100,10)：通过 np.linspace 生成 10 个 0～100 的等差数列。

➢ plt.plot(x, y)：绘制 x、y 的图形。

➢ plt.plot(x,y_,c='red',lw=2,ls='--',label="x 对应的 y_")：绘制 x、y 的图形，设置线条颜色为红色，线条宽度为 2 个像素点，线条是虚线形式，并且设置了标签。

➢ plt.legend(loc='center')：设置显示标签的位置，center 表示中心显示。

➢ plt.show()：这非常重要。对于所有画图内容，都只有执行该语句，才会显示图形。初学者可能会忘掉该语句，这会导致没有任何图形生成。

根据示例 7-1，可以看到 y 和 y_随 x 变化的变化趋势。同时可以看到 plot 参数的设置对线条的影响，y_对应的直线是自定义的线条形式，而 y 对应的直线则是默认的线条形式。

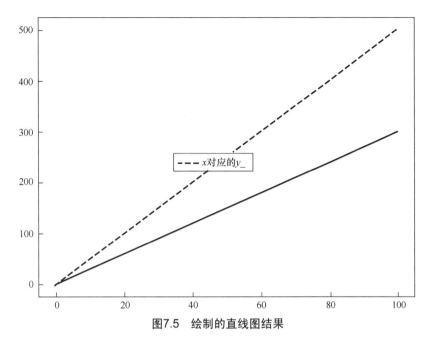

图7.5　绘制的直线图结果

示例 7-1 展示通过 NumPy 可以生成数据，当然也有更加简单的生成数据的方式，那就是将需要用于绘制图形的数据写入列表，然后通过 plot() 显示出来，如示例 7-2 所示。

示例 7-2：通过给定的 x、y 绘制折线图。

通过给定的 x、y 绘制折线图的核心代码如下。

```
1.  import numpy as np
2.  import matplotlib.pyplot as plt
3.  plt.rcParams['font.sans-serif']=['Arial Unicode MS']
4.  def function2():
5.      x=[1, 2, 3, 4, 5]
6.      y=[2, 7, 3, 8, 6]
7.      plt.plot(x, y, label='x、y 折线图')
8.      plt.legend(loc='center')    #显示标签位置
9.      plt.show()
10. if __ name__== '__main__':
11.     function2()
```

绘制的折线图结果如图 7.6 所示，从中可以看出直接通过列表的形式同样可以绘制线图。

对于曲线图，其绘制方法和折线图的相同，这里简单举一个 sin 函数和 cos 函数的曲线图示例。

示例 7-3：绘制 sin 函数和 cos 函数的曲线图。

绘制 sin 函数和 cos 函数的曲线图的核心代码如下。

```
1.  import numpy as np
2.  import matplotlib.pyplot as plt
3.  plt.rcParams['font.sans-serif']=['Arial Unicode MS']
4.  def function3():
5.      x=np.linspace(0, 10, 200)  #生成 200 个数据为 0～10 的等差数列
6.      y=np.sin(x)
```

```
7.      y_=np.cos(x)
8.      plt.plot(x, y, c="red", label='sin 图')
9.      plt.plot(x, y_, c="green", label='cos 图')
10.     plt.legend(loc='center')    #显示标签位置
11.     plt.show()
12. if __name__ == '__main__':
13.     function3()
```

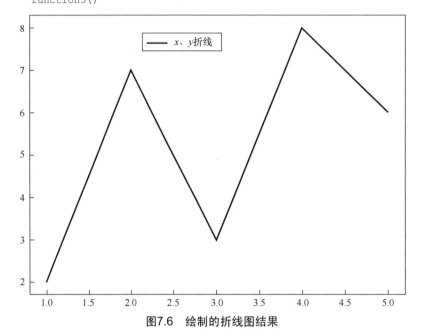

图7.6　绘制的折线图结果

绘制的曲线图结果如图 7.7 所示。

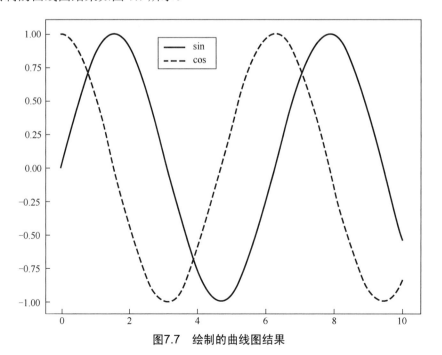

图7.7　绘制的曲线图结果

示例 7-3 主要用到了 NumPy 的正弦函数 sin()以及余弦函数 cos()，其余的用法和折线图的相同。

2. 通过 pandas 读取数据绘制折线图

用于绘制图形的数据可以直接生成，也可以从文件中读取出来。一般在用 Matplotlib 绘制图形时，可以搭配 pandas 进行文件的读取与分析，能大大提高效率。下面将通过一个示例介绍如何通过 pandas 读取文件并通过 Matplotlib 进行可视化。

示例 7-4：绘制折线图显示招聘职位类型的数量。

通过 pandas 读取数据文件，并利用 Matplotlib 绘制折线图显示招聘职位类型的数量。现有数据文件（data.csv）的内容（部分）及格式如图 7.8 所示。

```
1    0,100000004,APP调研测试90元/单,调查员,日结,90.00,小时
2    1,100000003,热门手游推广注册300元每天,调查员,日结,300,每天
3    2,7452,每天200元聘手机在线兼职操作员,网上兼职,日结,200.00,天
4    3,7451,每天180元招聘热门手游推广注册员,网上兼职,日结,180.00,天
5    4,8569,卫生纸制品厂诚聘销售经理,店员,月结,200.00,天
6    5,8568,直招夜班服务生,店员,月结,200.00,天
7    6,8567,力宝台球室招兼职服务员,店员,月结,100.00,天
8    7,8566,农贸城劳力工,其他,月结,3000.00,月
9    8,8565,招聘物流送货员,物流,月结,100.00,天
10   9,8564,招聘空调安装维修学徒工,店员,月结,130.00,天
11   10,8563,餐厅水果摆盘,店员,月结,130.00,天
```

图7.8　数据文件的内容（部分）及格式

核心代码如下。

```
1.  import pandas as pd
2.  import matplotlib.pyplot as plt
3.  plt.rcParams['font.sans-serif']=['Arial Unicode MS']
4.  def function4():
5.      data=pd.read_csv("data.csv")
6.      data.columns=["num", "id", "title", "jobtype", "calctype", "salary"]
7.      job=data['jobtype'].value_counts().sample(frac=1)
8.      plt.plot(job, c="r")
9.      plt.xlabel ("jobtype")
10.     plt.ylabel("count")
11.     plt.title("jobtype analysis")
12.     plt.show()
13. if __name__ == '__main__':
14.     function4()
```

绘制的折线图结果如图 7.9 所示。

核心代码解析如下。

➤ pd.read_csv：通过 pandas 读取 CSV 文件。

➤ data.columns=["num", "id", "title", "jobtype", "calctype", "salary"]：定义每列的字段名称（原数据中没有给出字段名称）。

➤ data['jobtype']：取出字段名称为 "jobtype" 的一列数据。

➤ .value_counts()：计算这列数据中每个数据出现的频率，默认按降序排列。

➤ .sample(frac=1)：随机打乱顺序。frac 是返回数据的比例，1 表示全部返回。

> ➤ plt.xlabel(name)：将 *X* 轴命名为 name。
> ➤ plt.ylabel(name)：将 *Y* 轴命名为 name。
> ➤ plt.title("jobtype analysis")：命名此图的标题为"jobtype analysis"。

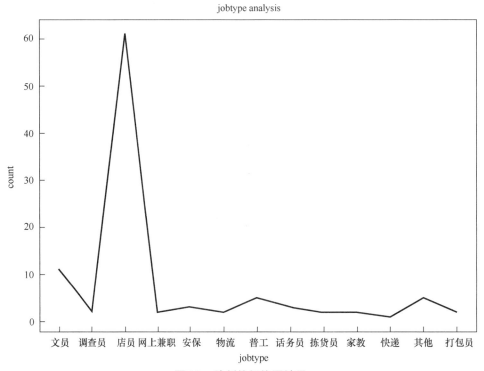

图7.9　绘制的折线图结果

在示例 7-4 的折线图中，可以看到招聘店员的招聘广告远远多于招聘其他职位的招聘广告。折线图适用于随时间变化的数据，其他场景的数据也可以用折线图表示。

7.1.5　使用 Matplotlib 绘制房价与房屋面积关系的散点图

使用散点图可以直观地看到数据的分布，从而观察出两个变量之间的关系，因此散点图适用于显示两个变量的相关性。同样可以通过给定数据直接画出散点图，也可以通过 pandas 读取文件后绘制散点图。

1. 直接通过给定数据绘制散点图

调用方法如下。

```
scatter(x, y, s, c, marker, label)
```

对应参数说明如表 7.3 所示。

表 7.3　散点图调用方法参数说明

参数	说明	是否必须	举例
x	*X* 轴的数据	是	[1,3,5]
y	*Y* 轴的数据	是	[2,4,6]

续表

参数	说明	是否必须	举例
s	设置每个点的样式	否	[1,5,8]
c	点的颜色	否	c='r'（表示红色）
marker	点的形状	否	marker='*'
label	文本标签	否	"x 对应的 y_"

示例 7-5：通过 Matplotlib 绘制散点图。

通过 Matplotlib 绘制散点图，数据随机生成。

核心代码如下。

```
1.  import numpy as np
2.  import matplotlib .pyplot as plt
3.  plt .rcParams ['font.sans-serif']=['Arial Unicode MS']
4.  """散点图"""
5.  def function5():
6.      x=np.random.randn(100)
7.      y=x + np.random.randn(100)
8.      y_=-x + np.random.randn(100)
9.      plt.subplot(1,2,1)
10.     plt.scatter(x, y, c='r',label='正相关图')
11.     plt.legend(loc='left') #显示标签位置
12.     plt.subplot(1,2,2)
13.     plt.scatter(x, y_, c='g', label='负相关图')
14.     plt.legend(loc='left') #显示标签位置
15.     plt.show()
16. if __name__ == '__main__':
17.     function5()
```

绘制的散点图结果如图 7.10 所示。

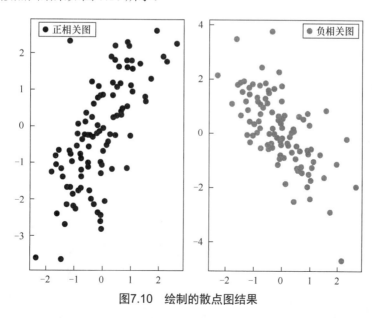

图7.10　绘制的散点图结果

核心代码解析如下。

➤ np.random.randn(100)：表示从正态分布中随机返回 100 个值。

➤ plt.subplot(1,2,1)：在一个画布中画多个坐标系，默认情况下一个画布只有一个坐标系。当定义 subplot 时，会根据需求得到多个坐标系。

plt.subplot(1,2,1)是指将画布分成 1 行 2 列，取第一个坐标系。同理，plt.subplot(1,2,2)是指取第二个坐标系。

➤ plt.scatter(x,y,c='r',label='正相关图')：开始画散点图，用红色点画，标签是"正相关图"。

示例 7-5 中展示了如何绘制散点图，通过观察散点图，可以看出两个变量之间是正相关还是负相关或者不相关。

2. 通过 pandas 读取数据绘制散点图

利用 pandas 读取文件，然后绘制散点图的方法与通过 pandas 读取文件绘制线图的方法相同，只需要在调用 plot()函数时，指明散点的形状，参见示例 7-6。

示例 7-6：绘制房价与房屋面积关系的散点图。

绘制房价与房屋面积的关系散点图，通过整体走势就可以观察出房价是否随房屋面积变化而变化。现有房价数据（部分）如图 7.11 所示，通过绘制散点图观察房价随房屋面积变化的走势。

核心代码如下。

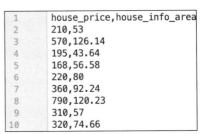

图7.11　房价数据（部分）

```python
1.  import numpy as np
2.  import pandas as pd
3.  import matplotlib.pyplot as plt
4.  plt.rcParams['font.sans-serif']=['Arial Unicode MS']
5.  def function6():
6.      data=pd.read_csv("price.csv")
7.      plt.plot(data['house_info_area'], data['house_price'], ".", c="r", label="散点图")
8.      plt.xlabel("area")
9.      plt.ylabel("price")
10.     plt.title("house price")
11.     plt.legend(loc='best')
12.     plt.show()
13. if __name__=='__main__':
14.     function6()
```

其散点图结果如图 7.12 所示。

其核心代码与示例 7-4 的相似，比较容易理解。通过散点图结果可以看出房价随房屋面积的增加而提升，属于正相关关系。

散点图可以表示两个变量的关系，同时也可以表示 3 个变量之间的关系，这时就需要使用气泡图，通过气泡图中气泡的大小表示第 3 个变量。

示例 7-7：通过气泡图表示职位与薪资单位的关系。

数据仍使用示例 7-4 中的数据，然后通过气泡图，表示职位与薪资单位的关系，同时显示不同职位的工资水平。

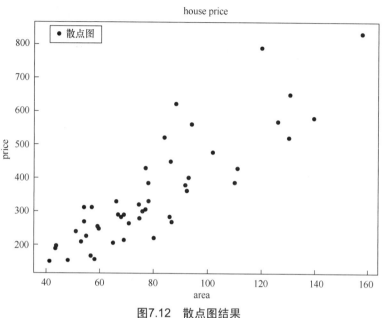

图7.12　散点图结果

核心代码如下。

```
1.  import numpy as np
2.  import pandas as pd
3.  import matplotlib.pyplot as plt
4.  plt.rcParams['font.sans-serif']=['Arial Unicode MS']
5.  def function7():
6.      data=pd.read_csv("data.csv")
7.      data.columns=["num", "id", "title", "jobtype", "calctype", "salary", " unit"]
8.      plt.scatter(data['jobtype'], data['unit'], c='g', s=data['salary'].rank()*5,
        alpha=0.6)
9.      plt.xlabel("jobtype")
10.     plt.ylabel("count")
11.     plt.title("jobtype analysis")
12.     plt.show()
13. if __name__ == '__main__':
14.     function7()
```

气泡图结果如图 7.13 所示。

通过代码可以看出，绘制散点图可以有两种方法，一种是利用示例 7-6 中使用的 plot()
函数，另一种就是利用 scatter()函数。这两个函数都可以用于绘制散点图，在实际操作
中可使用任意一种。不同的是，scatter()函数使用起来更灵活，可以控制每个点的样式。
例如在绘制气泡图的过程中，使用 scatter()函数时加入了一个参数 s，表示每个点的样式。
在示例 7-7 中，参数 s 表示按照工资排序后，将其对应位置上的值表示成气泡大小，并
乘以 5，即气泡放大 5 倍，而参数 alpha 表示透明度。

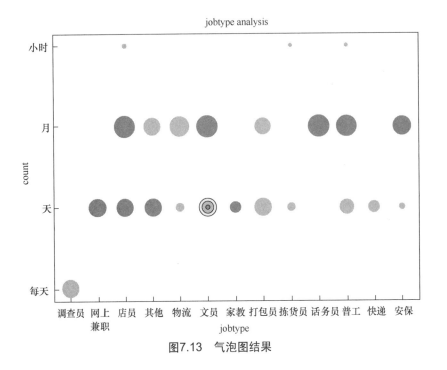

图7.13 气泡图结果

任务 7.2 使用 Matplotlib 绘制不同季度不同产品销售额关系的柱状图与饼状图

【任务描述】

掌握如何利用 Matplotlib 绘制柱状图与饼状图。

【关键步骤】

（1）掌握利用 Matplotlib 绘制柱状图的方法。

（2）掌握利用 Matplotlib 绘制饼状图的方法。

7.2.1 使用 Matplotlib 绘制不同季度不同产品销售额关系的柱状图

任务 7.1 中详细介绍了常用的线图和散点图，本任务将继续介绍其他两种基本且常用的图形——柱状图和饼状图。任务 7.1 中主要介绍了直接通过给定数据绘制图形与通过 pandas 读取文件绘制图形，在任务 7.2 中同样可以通过这两种方式绘制图形，因此在任务 7.2 中不赘述直接通过给定数据绘制图形的方式，只介绍通过 pandas 读取文件绘制柱状图。

柱状图又称为条形图，常用来表示两个变量之间的关系，适用于分类明显的变量。但是需要注意，分类不能过多，否则柱状图看起来会非常混乱。

柱状图调用方法如下。

```
bar(x, height, width, color, align, label, bottom)
```

对应参数说明如表 7.4 所示。

表 7.4　柱状图调用方法参数说明

参数	说明	是否必须	举例
x	X 轴的数据	是	[1,3,5]
height	Y 轴的数据	是	[2,4,6]
width	柱形的宽度	否	width=0.2
color	柱形的颜色	否	color='r'
align	柱形对齐方式	否	align='center'
label	标签	否	label='A'
bottom	每个柱形的 Y 轴下边界	否	默认 bottom=0

示例 7-8：通过柱状图绘制出产品 A 的 4 个季度的销售额。

假设现有某公司不同产品的不同销售额数据文件，数据如图 7.14 所示。通过柱状图绘制出产品 A 的 4 个季度的销售额。

```
1  季度,产品A销售额,产品B销售额,产品C销售额,产品D销售额
2  第一季度,124,159,138,161
3  第二季度,117,89,156,178
4  第三季度,201,169,153,158
5  第四季度,156,139,128,136
6
```

图7.14　某公司不同产品的不同销售额数据

核心代码如下。

```
1.  import pandas as pd
2.  import matplotlib.pyplot as plt
3.  plt.rcParams['font.sans-serif']=['Arial Unicode MS']
4.  def function8():
5.      data=pd.read_csv("saleData.csv")
6.      data.columns=["time","A", "B", "C", "D"]
7.      plt.bar(data["time"], data["A"],width=0.2,color='r',align='center')
8.      plt.show()
9.  if __name__ == '__main__':
10.     function8()
```

其柱状图结果如图 7.15 所示。

示例 7-8 中的代码与前文中的代码类似，只是加入了 bar() 方法，该方法与前文中介绍的 bar() 用法一致，在此不赘述。

示例 7-8 所示是较简单的柱状图。接下来介绍一下多组柱状图。

示例 7-9：通过柱状图绘制某公司不同季度不同产品的销售额。

通过柱状图绘制某公司不同季度不同产品的销售额，数据仍使用示例 7-8 中的数据。核心代码如下。

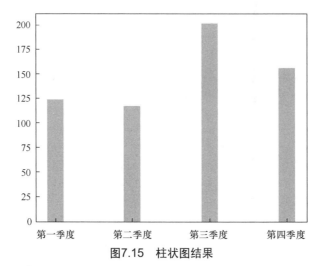

图7.15　柱状图结果

```
1.  import numpy as np
2.  import pandas as pd
3.  import matplotlib .pyplot as plt
4.  plt.rcParams['font.sans-serif']=['Arial Unicode MS']
5.  def function9():
6.      data=pd.read_csv("saleData.csv")
7.      data.columns=["time", "A", "B", "C", "D"]
8.      index=np.arange(4)  #分为几组
9.      width=0.1
10.     plt.bar(data['time'], data['A'], width, alpha=0.7, color='g',label='A')
11.     plt.bar(index + width, data['B'], width, alpha=0.7, color='r',label='B')
12.     plt.bar(index + width*2,data['C'],width,alpha=0.7,color='b',label='C')
13.     plt.bar(index + width*3, data['D'], width, alpha=0.7, color='orange',
        label='D')
14.     plt.legend()
15.     plt.show()
16. if __name__ == '__main__':
17.     function9()
```

其多组柱状图结果如图 7.16 所示。

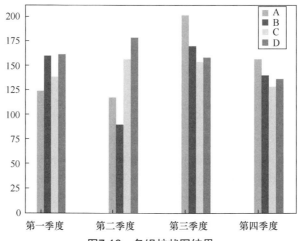

图7.16　多组柱状图结果

在示例 7-9 中，bar()方法的第一个参数较重要，对于每个柱形都需要加上前面柱形的宽度，这是当前需要绘制的柱形的横坐标。

示例 7-9 是通过 Matplotlib 的 bar()方法绘制的，也可以通过 pandas 的 plot()方法绘制，核心代码如下，图形效果与示例 7-9 的相同，如图 7.16 所示。

```
1.  def function9_1():
2.      data=pd.read_csv("saleData.csv")
3.      data.columns=["time","A", "B", "C", "D"]
4.      data.plot(kind='bar')
5.      #修改横坐标轴刻度值
6.      plt .xticks (data.index, data["time"], rotation=360)
7.      plt.show()
```

其中，plt.xticks 是更改横坐标的刻度值，即将横坐标赋值成需要的值。

通过示例 7-9 可以看出每个季度内不同产品之间的比较关系。如果既需要了解每个季度之间的销售总额的对比情况，又要了解各季度内每个产品销售额的对比情况，那么，使用堆叠柱状图可以使结果表示得更清晰。

示例 7-10：绘制堆叠柱状图展示不同季度不同产品之间的关系。

利用示例 7-8 中的数据，绘制堆叠柱状图，展示不同季度不同产品之间的关系。

核心代码如下。

```
1.  import numpy as np
2.  import pandas as pd
3.  import matplotlib.pyplot as plt
4.  plt.rcParams['font.sans-serif']=['Arial Unicode MS']
5.  def function10():
6.      data=pd.read_csv("saleData.csv")
7.      data.columns=["time", "A", "B", "C", "D"]
8.      y=[data['A'], data['B'], data['C'], data['D']]
9.      y_c=np.cumsum(y, 0) #按行累加
10.     plt.bar(data['time'], data['A'], alpha=0.6, color='r',label='A')
11.     plt.bar(data['time'], data['B'], bottom=y_c[0], alpha=0.6, color='b',lab el='B')
12.     plt.bar(data['time'], data['C'], bottom=y_c[1], alpha=0.6, color='g',lab el='C')
13.     plt.bar(data['time'], data['D'], bottom=y_c[2], alpha=0.6, color='orange ',
        label='D')
14.     plt.legend()
15.     plt.show()
16. if __name__ == '__main__':
17.     function10()
```

其堆叠柱状图结果如图 7.17 所示。

绘制堆叠柱状图的核心内容就是要确定 bottom 的值，即需要在什么位置开始画图 7.17 中的柱状图。bottom 是指 Y 轴的下边界，以示例 7-10 中第一季度内容为例，第一季度中 A 产品的销量是 124，那第一季度第一个柱状图就是 0～124 的长度，B 产品的销量是 159，在 A 产品的条形图上再加 159 的长度，即 124～283 是 B 产品的长度，这时 bottom 就是 A 产品的长度 124。换句话说，就是需要在 124 时开始绘制 B 产品的柱状图。以此类推，C 产品的柱状图需要在 283 时开始绘制，即 bottom 的值为 283；D 产品的柱状图需要在 421 开始绘制，那么 bottom 的值为 421。

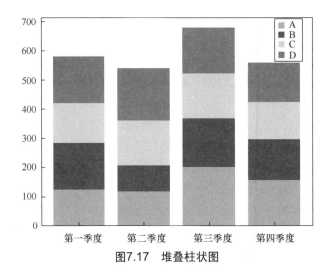

图7.17　堆叠柱状图

代码中，np.cumsum(y,0)是指按行进行累加计算，以得到 bottom 的值。

示例 7-10 所示是通过 Matplotlib 的 bar()方法绘制图形的，当然也可以通过 pandas 的 plot()方法绘制，具体代码如下。

```
1.  def function10_1():
2.    data=pd.read_csv("saleData.csv")
3.    data.columns=["time", "A", "B", "C", "D"]
4.    data.plot(kind='barh', stacked=True)
5.    plt .yticks(data.index, data["time"], rotation=360)
6.    plt.show()
```

plot()里的参数 stacked 为 True 时，表示绘制的是堆叠柱状图。值得一提的是，上面代码中的 kind 如果为 bar，那么图形将与示例 7-10 的相同，是竖着绘制堆叠柱状图；这里将 kind 设置成 barh，是横着绘制堆叠柱状图。图形结果如图 7.18 所示。

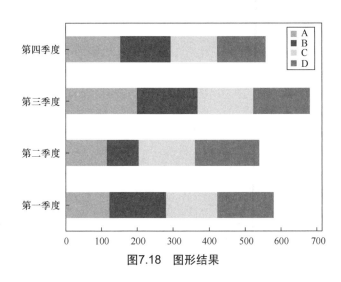

图7.18　图形结果

从上面的示例可以看出，使用 pandas 的 plot()方法更加简单、方便。在实际操作中可以根据自身需求选择相应的方法绘制柱状图。

7.2.2 使用 Matplotlib 绘制不同季度单个产品销售额关系的饼状图

饼状图是一种将一个圆形分成多个扇形的统计图,其常用来表示各部分数据所占的比例,非常直观。

饼状图调用方法如下。

```
pie(x, labels, colors, autopct, startangle)
```

对应参数说明如表 7.5 所示。

表 7.5 饼状图调用方法参数说明

参数	说明	是否必须	举例
x	需要绘制的数据	是	[1,3,5]
labels	各部分标签	否	["a","b","c"]
colors	各部分颜色	否	["r","g","b"]
autopct	数值格式	否	"%.2f%%"
startangle	开始的角度	否	90

示例 7-11:通过饼状图展示 A 产品 4 个季度的销量情况。

利用示例 7-8 中的数据,通过饼状图展示 A 产品 4 个季度的销量情况。

核心代码如下。

```
1.  import pandas as pd
2.  import matplotlib.pyplot as plt
3.  plt.rcParams['font.sans-serif'] = ['Arial Unicode MS']
4.  def function11():
5.      data=pd.read_csv("saleData.csv")
6.      data.columns=["time", "A", "B", "C", "D"]
7.      plt.pie(data['A'], labels=data['time'], autopct='%1.1f%%', startangle=90 )
8.      #让饼状图的长、宽相等,显示成圆形
9.      plt.axis('equal')
10.     plt.show()
11. if __name__ == '__main__':
12.     function11()
```

其饼状图结果如图 7.19 所示。

代码中的 plt.pie()就是绘制饼状图的语句。其中,autopct 是指保留 1 位小数的百分比数值格式,startangle 是指从 90°开始逆时针画图。

饼状图主要通过各部分所占百分比说明各部分之间的关系,通过饼状图可以直观地看到哪一部分所占比例最大。示例 7-11 所示是通过 Matplotlib 中的 pie()函数绘制

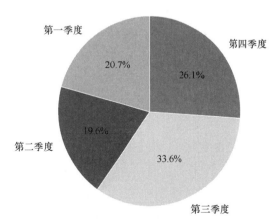

图7.19 饼状图结果

饼状图，也可以通过 pandas 中的 plot()方法绘制饼状图。代码基本类似，注意需将 plt.pie()
换成 data.plot()，整体代码如下。

```
1.  import pandas as pd
2.  import matplotlib.pyplot as plt
3.  plt.rcParams['font.sans-serif'] = ['Arial Unicode MS']
4.
5.
6.  def function12():
7.      data=pd.read_csv("saleData.csv")
8.      data.columns=["time", "A", "B", "C", "D"]
9.      #区别!
10.     data.plot(kind="pie", labels=data['time'], autopct='%1.1f%%')
11.     #让饼图的长、宽相等，显示成圆形
12.     plt.axis('equal')
13.     plt.show()
14. if __name__ == '__main__':
15.     function11()
```

绘制的饼状图结果与示例 7-11 中的一样，如图 7.19 所示。

本章介绍了 4 种可视化图形以及如何绘制这 4 种图形的方法，在实际应用中可以通
过不同的需求选择相应的可视化图形进行绘制。通过绘制可视化图形，将更便于理解数
据以及找到数据之间的关系。

本章小结

> ➤ 可视化是将数据通过图形或图像的方法展示出来的一个过程。
> ➤ 可视化使数据更直观，能降低学习成本，便于记忆。
> ➤ Matplotlib 是可视化库中较基础的一种，也是应用较广泛的一种。
> ➤ 利用 Matplotlib 可以绘制线图、散点图、柱状图、饼状图。

本章习题

1．简答题

（1）Matplotlib 的核心原理是什么？

（2）使用 Matplotlib 绘制散点图的调用语句是什么？

（3）使用 Matplotlib 绘制柱状图的调用语句是什么？

2．编程题

需求：通过示例 7-8 中的数据绘制第一季度 4 个产品的折线图，利用 Matplotlib 的
plot()方法绘制。

第 8 章

PyEcharts 数据可视化

技能目标

➢ 了解 PyEcharts 可视化工具及其安装方式

➢ 了解 PyEcharts 可视化工具常用基础知识

➢ 掌握使用 PyEcharts 绘制柱状图、饼状图和组合图的方法

➢ 掌握使用 PyEcharts 绘制地图、词云和雷达图的方法

本章任务

学习本章，读者需要完成以下两个任务。

任务 8.1　使用 PyEcharts 绘制某疾病确诊人数分布图

了解 PyEcharts 可视化工具的安装方式以及常用基础知识。掌握如何利用 PyEcharts 绘制柱状图、饼状图、组合图和地图。

任务 8.2　使用 PyEcharts 绘制需求关系图

掌握如何利用 PyEcharts 绘制词云和雷达图。

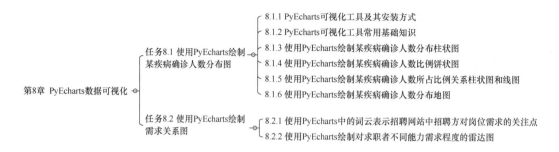

PyEcharts 是百度开源的 Echarts 和 Python 的结合，继承了 Echarts 的可视化风格，可以进行交互式操作，易于上手，且可以用于绘制美观的图形，无须太多自定义，是广受欢迎的可视化工具库。

任务 8.1　使用 PyEcharts 绘制某疾病确诊人数分布图

【任务描述】

了解 PyEcharts 可视化工具的安装方式以及常用基础知识。利用 PyEcharts 绘制柱状图、饼状图、组合图和地图展示某疾病确诊人数分布关系。

【关键步骤】

（1）了解 PyEcharts 可视化工具及其安装方式。

（2）了解 PyEcharts 可视化工具常用基础知识。

（3）掌握使用 PyEcharts 绘制柱状图、饼状图和组合图的方法。

（4）掌握使用 PyEcharts 绘制地图、词云和雷达图的方法。

8.1.1　PyEcharts 可视化工具及其安装方式

在介绍 PyEcharts 之前，需要先了解一下 Echarts。Echarts 是百度的一款开源可视化库，利用 JavaScript 编写而成，其可以覆盖各行业的图表，使可视化图表更加生动、直观，并且具有可交互性。但是 Echarts 对于 Python 开发者并不友好，需要他们额外学习 JavaScript 语言，有一定的学习成本。PyEcharts 应运而生，解决了这一问题，为 Python 开发者提供了一个友好的 Echarts 可视化库。

再来对比 Matplotlib，使用 PyEcharts 可绘制的图形的种类更加广泛，而且可绘制的图形的样式更加"炫酷"。尤其是 PyEcharts 具有交互性，而 Matplotlib 只能绘制静态图形。

首先需要安装 PyEcharts 工具，可以直接在终端输入 pip install pyecharts 语句进行安装。安装后进入终端，查看 PyEcharts 是否安装成功，如图 8.1 所示即表示安装成功。

```
(dataview) zhouguagyudeMBP:pkgs zhouguangyu$ python
Python 3.6.2 |Continuum Analytics, Inc.| (default, Jul 20 2017, 13:14:59)
[GCC 4.2.1 Compatible Apple LLVM 6.0 (clang-600.0.57)] on darwin
Type "help", "copyright", "credits" or "license" for more information.
>>> import pyecharts
>>>
```

图8.1　PyEcharts安装成功

8.1.2　PyEcharts 可视化工具常用基础知识

PyEcharts 可以通过全局配置项配置标题样式等属性，还可以通过系列配置项配置标签等图表样式。

1. 全局配置项

全局配置项可配置的内容很多，例如画图动画配置项、初始化配置项、工具箱保存图片配置项等。本章主要针对常用的几个配置项进行介绍，包括标题配置项、图例配置项、视觉映射配置项、提示框配置项和区域缩放配置项。常用配置项控制的区域如图 8.2 所示。

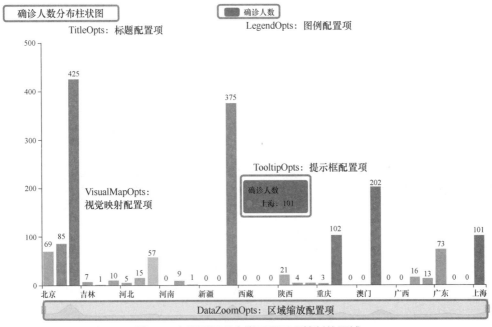

图8.2　全局配置项中常用配置项控制的区域

全局配置项可通过"set_global_options"方法设置，其中常用的配置项如表 8.1 所示。这里只针对常用配置项中的参数进行解释说明，在没有特殊要求的情况下，一般选用默认值就可以满足大部分需求。

表 8.1　全局配置项中的常用配置项

配置项	参数	说明
TitleOpts 标题配置项	title	主标题文本，支持使用\n 换行
	title_link	主标题跳转 URL 链接

续表

配置项	参数	说明
TitleOpts 标题配置项	subtitle	副标题文本，支持使用\n 换行
	subtitle_link	副标题跳转 URL 链接
DataZoomOpts 区域缩放配置项	is_show	是否显示组件，默认设置为 True，表示显示
	is_realtime	拖动时，是否实时更新系列的视图。默认设置为 True，设为 False 时，只在拖动结束时更新
LegendOpts 图例配置项	is_show	是否显示图例组件，默认设置为 True，表示显示
TooltipOpts 提示框配置项	is_show	是否显示提示框组件，包括提示框浮层
	trigger_on	提示框触发的条件。mousemove 是鼠标移动时触发；click 是单击时触发，默认设置为两种都行，即 mousemove|click
VisualMapOpts 视觉映射配置项	is_show	是否显示视觉映射配置，默认设置为 True
	type_	映射过渡类型，默认设置为 color，还可以设置为 size

2. 系列配置项

系列配置项可以配置标签样式、分割线样式、分隔区域样式等，本章主要介绍常用的系列配置项，如表 8.2 所示。同样，在没有特殊要求的情况下，一般选用默认值就可以满足大部分需求。

表 8.2　系列配置项中的常用配置项

配置项	参数	说明
LabelOpts 标签配置项	is_show	是否显示标签，默认设置为 True
	position	标签的位置，默认设置为 top
	color	文字的颜色
	font_size	文字的字体大小
	font_family	文字的字体系列
SplitAreaOpts 分隔区域配置项	is_show	是否显示分隔区域，默认设置为 True
	areastyle_opts	分隔区域的样式配置项
AreaStyleOpts 区域填充样式配置项	opacity	图形透明度，默认设置为 0，表示不绘制图形
	color	填充颜色

8.1.3　使用 PyEcharts 绘制某疾病确诊人数分布柱状图

第 7 章介绍了如何通过 Matplotlib 绘制 4 种常用的基础可视化图形，分别是线图、散点图、柱状图和饼状图。通过 PyEcharts 除了可以绘制这些基础图形，还可以绘制更多样的图形，例如地图分布图、仪表盘、漏斗图和 K 线图等，本章主要介绍爬虫后的数据常涉及的一些可视化图形。图形的样式可以自定义也可以用默认的样式。PyEcharts 的默认样式比 Matplotlib 的默认样式更美观，在日常学习、工作中使用 PyEcharts 的默认样式就可以满足大部分需求。本小节主要介绍如何通过 PyEcharts 绘制柱状图（案例请扫码阅读）。

柱状图调用方法：

```
Bar().add_xaxis(series_name, x_axis, xaxis_index, yaxis_index, color)
```

参数说明如表 8.3 所示。

表 8.3　柱状图调用方法参数说明

参数	说明	是否必须	备注
series_name	系列名称	否	
x_axis	X 轴数据	是	列表形式。Y 轴同理，参数名是 y_axis
xaxis_index	X 轴索引	否	单个图表中存在多个 X 轴时有用
yaxis_index	Y 轴索引	否	单个图表中存在多个 Y 轴时有用
color	颜色	否	

示例 8-1：绘制某疾病各地区确诊人数分布图。

绘制某疾病各地区确诊人数分布图，其中某疾病各地区确诊人数以 2020 年 4 月 22 日早上 6 点 18 分为例，整理数据后得到各地区对应确诊人数的文件。本章的示例都是通过 pandas 读取文件后进行可视化图形绘制的。

某疾病各地区确诊人数文件如图 8.3 所示。

关键步骤如下。

（1）准备数据。将用于生成可视化图形的数据准备好。

（2）引入 PyEcharts 库，按需求引入库中的方法。

（3）读取数据文件，得到 X 轴数据和 Y 轴数据。

（4）分别将 X、Y 轴的数据赋值给 Bar() 函数中 X、Y 轴的参数。

（5）设置全局配置项。

（6）将可视化结果存入文件。

图8.3　某疾病各地区
确诊人数文件

利用 PyEcharts 进行可视化的关键步骤基本类似，因此后文示例的关键步骤参考示例 8-1 的即可，后文示例将不赘述此内容。

核心代码如下。

```
1.  import pandas as pd
2.  from pyecharts import options as opts
3.  from pyecharts.charts import Bar
4.  def function1():
5.      data=pd.read_csv("provincesData.csv")
```

```
6.       x=data['city']
7.       y=data['people']
8.       c=(
9.          Bar()
10.          .add_xaxis(x.tolist())
11.          .add_yaxis("确诊人数", y.tolist())
12.          .set_global_opts(
13.              title_opts=opts.TitleOpts(title="确诊人数分布柱状图"),
14.              datazoom_opts=opts.DataZoomOpts(),
15.              visualmap_opts=opts.VisualMapOpts(),
16.          )
17.          .render("bar_2D.html")
18.       )
19. if __name__ == '__main__':
20.       function1()
```

运行上述代码后，会生成一个名为 bar_2D 的 HTML 文件，单击该 HTML 文件即可在默认浏览器上浏览某疾病各地区确诊人数分布结果，如图 8.4 所示。

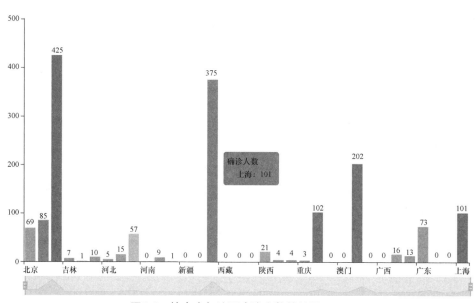

图8.4　某疾病各地区确诊人数柱状图

通过图 8.4 可以看出，该图形比 Matplotlib 绘制的柱状图更美观，而且功能更强大。将鼠标指针放在不同柱形上，可以即刻显示该柱形表示的含义，以北京为例，将鼠标指针移动到 69 对应的柱形上，会显示北京的确诊人数是 69。

该柱状图还有一个重要特点，其交互性体现在可以动态显示某疾病各地区的确诊人数，而且还可以滑动最下面的滑块，找到需要重点查看的其中几个地区的数据，如图 8.5 所示。

通过滑动滑块，将目光锁定在山西到澳门的范围，可以重点查看这些地区的确诊人数的情况。从图中可以看出，当范围缩小时，柱状图中的柱形的宽度也随之增大，这是一个动态的变化过程。

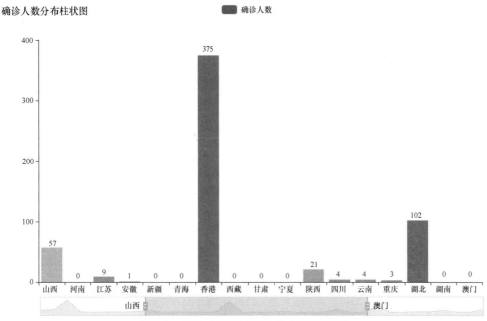

图8.5　某疾病部分地区确诊人数柱状图

核心代码解析如下。

PyEcharts 在 1.0 版本后开始支持链式调用，即可以通过多个点（.）的依次链接，完成一系列操作，而不用每操作一次返回一个结果。

➤ Bar()：确定使用的是柱状图 Bar()方法。同理，如果是饼状图就用 Pie()。

➤ .add_xaxis()：表示赋值 X 轴数据。同理，.add_yaxis()表示赋值 Y 轴数据。

➤ x.tolist()：表示将从 pandas 中读取的数据转换成列表形式。

➤ .set_global_opts()：表示设置全局配置项。

➤ opts.TitleOpts(title="确诊人数分布柱状图")：设置标题名称为"确诊人数分布柱状图"。

➤ opts.DataZoomOpts()：设置区域缩放配置项，并实时更新显示。即实时显示可视化结果中最下面的滑块。其中参数用默认值即可。

➤ opts.VisualMapOpts()：设置视觉映射配置项，即可视化结果中最左边的颜色分布项。通过滑动上/下小三角形，可以控制右边显示的范围。其中参数用默认值即可。

➤ .render("bar_2D.html")：保存结果到 HTML 文件，通过默认浏览器即可打开。

8.1.4　使用 PyEcharts 绘制某疾病确诊人数比例饼状图

饼状图是由多个扇形组成的圆形，从中可以直观、方便地看到各部分的占比情况。

饼状图调用方法如下。

```
Pie().add (series_name, data_pair, color, radius, center, rosetype)
```

参数说明如表 8.4 所示。

表 8.4 饼状图调用方法参数说明

参数	说明	是否必须	备注
series_name	系列名称	否	
data_pair	数据	是	格式为 [(key1, value1),(key2, value2)]
color	颜色	否	
radius	饼状图的半径	否	数组中第一项是内半径，第二项是外半径
center	饼状图的圆心	否	圆心坐标
rosetype	玫瑰图	否	radius：以扇形圆心角展现数据的百分比，通过半径展现数据大小； area：所有扇形圆心角相同，通过半径展现数据大小

本小节案例请读者扫码阅读。

示例 8-2：绘制某疾病确诊人数比例饼状图。

通过示例 8-1 中的数据，绘制某疾病确诊人数比例饼状图。

核心代码如下。

```
1.  import pandas as pd
2.  from pyecharts import options as opts
3.  from pyecharts.charts import Bar, Pie
4.  def function3():
5.    data=pd.read_csv("provincesData.csv")
6.    x=data['city']
7.    y=data['people']
8.    c=(
9.      Pie()
10.        .add(
11.        "某疾病确诊人数分布饼状图",
12.        [list(z) for z in zip(x, y)],
13.        radius=["30%", "75%"],
14.        center=["20%", "55%"],
15.        rosetype="radius",
16.        label_opts=opts.LabelOpts(is_show=False),
17.      )
18.        .add(
19.        "某疾病确诊人数分布饼状图",
20.        [list(z) for z in zip(x, y)],
21.        radius=["20%", "75%"],
22.        center=["70%", "55%"],
23.        rosetype="area",
24.      )
25.        .render("pie_rose.html")
26.  )
27.  if __name__ == '__main__':
28.      function3()
```

运行上述代码后，会生成一个名为 pie_rose 的 HTML 文件，单击该 HTML 文件即可在默认浏览器上浏览某疾病各地区确诊人数比例结果。某疾病确诊人数比例饼状图如图 8.6 所示。

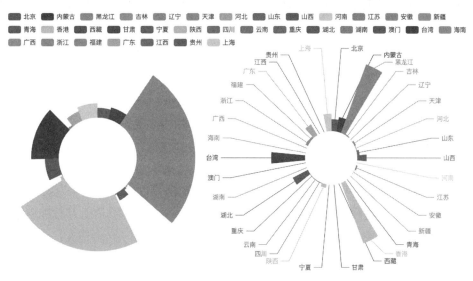

图8.6　某疾病各地区确诊人数比例饼状图

如图 8.6 所示，左边的图形是以扇形圆心角展现数据的百分比，而右边的图形表示的是扇形圆心角相同的情况，它们都是通过半径表示数据的大小。将鼠标指针移动到任意扇形上，即可显示当前扇形代表的含义。

核心代码解析如下。

➢　Pie()：确定使用的是饼状图 Pie()方法。

➢　.add()：需要绘制两个饼状图，因此需要设置两个.add()。

➢　[list(z) for z in zip(x,y)]：将 X、Y 轴的数据放入列表，格式为[(x1, y1), (x2, y2)]。

➢　radius=["30%","75%"]：设置饼状图的半径，内半径为 30%，外半径为 75%。

➢　center=["20%","55%"]：设置圆心点坐标，这里用百分比表示相对位置。

➢　rosetype="radius"：设置玫瑰图的样式，左边结果图是 radius 样式，右边结果图是 area 样式。

➢　opts.LabelOpts(is_show=False)：设置不显示标签，默认是显示标签。

➢　.render("pie_rose.html")：保存结果到 HTML 文件，通过默认浏览器即可打开。

8.1.5　使用 PyEcharts 绘制某疾病确诊人数所占比例关系柱状图和线图

柱状图和线图可以绘制在同一个坐标系中，相当于同一个 x 变量对应不同的 y 变量。这样的可视化图形更有利于人们方便、快捷地了解多变量之间的关系。下面先来了解线图的调用方法。

线图调用方法如下。

```
Line().add_xaxis(series_name, x_axis, xaxis_index, yaxis_index, color, is_smooth)
```

参数说明如表 8.5 所示。

表 8.5　线图调用方法参数说明

参数	说明	是否必须	备注
series_name	系列名称	否	
x_axis	X 轴数据	是	列表形式。Y 轴同理，参数名是 y_axis
xaxis_index	X 轴索引	否	单个图表中存在多个 X 轴时有用
yaxis_index	Y 轴索引	否	单个图表中存在多个 Y 轴时有用
color	颜色	否	
is_smooth	是否平滑曲线	否	默认设置为 False，即折线

本小节案例请读者扫码阅读。

示例 8-3：绘制某疾病确诊人数所占比例关系柱状图和线图。

通过示例 8-1 中的数据，绘制柱状图表示确诊人数，绘制折线图表示各地区确诊人数所占总确诊人数的百分比。

核心代码如下。

```
1.  import pandas as pd
2.  from pyecharts import options as opts
3.  from pyecharts.charts import Bar, Line
4.  def function3():
5.      data=pd.read_csv("provincesData.csv")
6.      x=data['city']
7.      y=data['people']
8.      #计算各地区确诊人数所占比例
9.      sum=data['people'].sum()
10.     y1=data['people'].apply(lambda x: x/sum) * 100
11.     bar=(
12.         #绘制柱状图，初始化画布宽度和高度
13.         Bar(init_opts=opts.InitOpts(width="1000px", height="600px"))
14.             #赋值 X 轴数据
15.             .add_xaxis(xaxis_data=x.tolist())
16.             #赋值 Y 轴数据，由于有多个 Y 轴，因此需要设置 Y 轴索引
17.             .add_yaxis(
18.             series_name="确诊人数",
19.             yaxis_data=y.tolist(),
20.             yaxis_index=1,
21.             )
22.             #详细设置 "确诊人数" 的 Y 轴信息
23.             .extend_axis(
24.                 yaxis=opts.AxisOpts(
25.                     name="确诊人数",
26.                     type_="value", #设置 Y 轴为数值轴
27.                     min_=0, #Y 轴的数值从 0 开始
28.                     max_=700, #Y 轴的数值到 700 结束
29.                     position="left", #Y 轴在左边显示
30.                     #坐标轴的显示数值
31.                     axislabel_opts=opts.LabelOpts(formatter="{value} "),
```

```
32.                )
33.            )
34.            #预先设置"占比"的 Y 轴信息
35.            .extend_axis(
36.                yaxis=opts.AxisOpts(
37.                    type_="value",
38.                    name="占比",
39.                    min_=0,
40.                    max_=30,
41.                    position="right", #Y 轴在右边显示
42.                    #坐标轴的显示数值，后面连接%
43.                    axislabel_opts=opts.LabelOpts(formatter="{value} %"),
44.                )
45.            )
46.        )
47.        line=(
48.            #绘制线图
49.            Line()
50.                .add_ xaxis (xaxis_data=x) #赋值 X 轴数据
51.                .add_yaxis( #赋值 Y 轴数据
52.                series_name="确诊人数所占比例", y_axis=y1.tolist(), yaxis_index=2,
53.                )
54.        )
55.        #在柱状图上绘制线图并保存
56.        bar.overlap(line).render("multiple.html")
57.
58.
59. if __name__ == ' __main__ ':
60.     function3()
```

运行上述代码后，会生成一个名为 multiple 的 HTML 文件，单击该 HTML 文件即可在默认浏览器上浏览绘制结果。

从绘制结果中可以看出"确诊人数"和"占比"都显示在一个坐标系中，柱状图和线图分别对应不同的 *Y* 轴，这样可以更加直观地看出各地区的对比关系。

核心代码分析如下。

由于示例 8-3 的代码过长，因此详细的代码分析穿插在代码中展示，这里只说明其中较重要的两个部分。

➢　由于该示例有多个 *Y* 轴，因此应该设置不同图形对应的 *Y* 轴索引，即代码中 yaxis_index=2 的语句。

➢　使用 overlap 类实现多个不同图表的叠加。

8.1.6　使用 PyEcharts 绘制某疾病确诊人数分布地图

将某疾病不同地区的确诊人数通过全国地图展示出来，不同颜色代表不同的确诊人数，这样哪些地区的确诊人数较多一目了然。

地图调用方法：

```
Map().add(series_name, data_pair, maptype)
```

参数说明如表 8.6 所示。

表 8.6　地图调用方法参数说明

参数	说明	是否必须	备注
series_name	系列名称	否	
data_pair	数据	是	格式为[(key1, value1), (key2, value2)]
maptype	地图类型	否	默认设置为 china

本小节案例请读者扫码阅读。

示例 8-4：使用 PyEcharts 绘制某疾病确诊人数分布地图。

通过示例 8-1 中的数据，绘制地图表示某疾病确诊人数分布情况。

核心代码如下。

```
1.  from pyecharts import options as opts
2.  from pyecharts.charts import Map
3.  def function4():
4.      data=pd.read_csv("provincesData.csv")
5.      x=data['city']
6.      y=data['people']
7.      c=(
8.        Map()
9.          .add("确诊人数",[list(z)for z in zip(x,y)],"china")
10.         .set_global_opts(
11.         title_opts=opts.TitleOpts(title="某疾病确诊人数分布地图分布"),
12.         visualmap_opts=opts.VisualMapOpts(max_=200),
13.         )
14.         .render("map.html")
15.     )
16. if __name__=='__main__':
17.     function4()
```

运行上述代码后，会生成一个名为 map 的 HTML 文件（见电子资料），单击该 HTML 文件即可在默认浏览器上浏览绘制结果地图，通过地图可以清晰、直观地看出黑龙江、台湾在当天确诊人数较多呈现红色。鼠标指针经由哪个地区，哪个地区就会呈现亮色，例如使鼠标指针停留在图中"新疆"处，新疆就会变成亮色，并显示确诊人数信息。

核心代码分析如下。

➢　add("确诊人数", [list(z) for z in zip(x, y)], "china")：其参数分别是名称、数据和地图类型。

➢　opts.VisualMapOpts(max_=200)：是指将视觉映射配置项中的最大值设置为 200，即左边颜色从 0～200，多于 200 人的都是红色，小于 200 人的颜色略浅。

任务 8.2　使用 PyEcharts 绘制需求关系图

【任务描述】

利用 PyEcharts 绘制词云和雷达图展示招聘网站的岗位需求关系。

【关键步骤】

（1）掌握使用 PyEcharts 绘制词云的方法。

（2）掌握使用 PyEcharts 绘制雷达图的方法。

8.2.1　使用 PyEcharts 中的词云表示招聘网站中招聘方对岗位需求的关注点

词云主要是由一些高频关键词组成的可视化图形，其可以直观反映出所分析资料中的核心内容，帮助人们快速了解资料的主旨。本小节将通过词云的可视化图形表示招聘网站中招聘方对岗位需求的关注点。

绘制词云主要有以下 3 个步骤。

（1）准备数据。

（2）清洗数据。

（3）绘制可视化图形。

首先，选取某招聘网站中招聘方的岗位需求信息，将其下载成文件待用；然后将文件中的句子进行分词，进行去除停用词等清洗操作，最后将需要的词语进行可视化展示，即可得到招聘方所需的求职者信息。其中，在清洗数据环节主要用到结巴分词工具，将整个句子拆分成单个词语。下面简单介绍结巴分词工具。

1. 结巴分词

结巴分词是 Python 中的一种分词工具，不仅可以对文本进行分词，而且可以标注词性等。其操作简便、容易理解，是 Python 中较常用的一种分词工具。

（1）安装结巴分词

通过 Anaconda 安装结巴分词工具，输入 conda install -c conda-forge jieba 进行安装，安装成功后的结果如图 8.7 所示。

```
(base) zhouguagyudeMBP:~ zhouguangyu$ python
Python 3.7.3 (default, Mar 27 2019, 16:54:48)
[Clang 4.0.1 (tags/RELEASE_401/final)] :: Anaconda, Inc. on darwin
Type "help", "copyright", "credits" or "license" for more information.
>>> import jieba
>>>
```

图8.7　结巴分词工具安装成功

（2）利用结巴分词工具进行分词

结巴分词工具有 3 种分词模式，分别是全模式、精确模式和搜索引擎模式。

全模式（jieba.cut(s, cut_all=True)）：将句子中的所有词语都切分出来。例如关于"人工智能"，可输出"人工|人工智能|智能"。

精确模式（jieba.cut(s)）：将句子精确切分。例如，关于"人工智能"只会输出"人工智能"。

搜索引擎模式（jieba.cut_for_search(s)）：将句子在精确模式的基础上对长词再次切分。例如关于"人工智能"会输出"人工|智能|人工智能"。

核心代码如下。

```
1.    s="人工智能是一门极富挑战性的学科"
2.    #全模式
3.    words=jieba.cut(s, cut_all=True)
4.    print("|".join(words))
5.
6.    #精确模式
7.    words1=jieba.cut(s)
8.    print("|".join(words1))
9.
10.   #搜索引擎模式
11.   words2=jieba.cut_for_search(s)
12.   print("|".join(words2))
```

结巴分词 3 种分词模式的结果如图 8.8 所示。

```
Building prefix dict from the default dictionary ...
Loading model from cache /var/folders/61/xrjsm6fx54v8660gdfl7370m0000gn/T/jieba.cache
Loading model cost 0.657 seconds.
人工|人工智能|智能|是|一门|门极|极富|挑战|挑战性|的|学科
人工智能|是|一门|极富|挑战性|的|学科
人工|智能|人工智能|是|一门|极富|挑战|挑战性|的|学科
Prefix dict has been built succesfully.

Process finished with exit code 0
```

图8.8　结巴分词3种分词模式的结果

本小节是对文本进行提取高频关键词，因此使用精确模式能更准确地体现关键词出现的频率。

分词核心代码如下。

```
1.    import jieba
2.    def fenciFile (file _name):
3.      word_map=dict()
4.      #停用词
5.      stopwords=["以上", "具备", "以上学历", "以及"]
6.      with open(file_name, "r", encoding='utf-8') as file:
7.          for line in file:
8.              words=jieba.cut(line) #精确分词
9.              for word in words:
10.                 if len(word)==1: #过滤单个词，例如"的"
11.                     continue
12.                 if word in stopwords: #过滤停用词
13.                     continue
14.                 if word in word_map.keys(): #计算词频
15.                     word_map[word]+=1
16.                 else:
17.                     word_map[word]=1
18.     return word_map
```

其中停用词的作用是去掉一些影响结果的高频词，例如"以上"这类词语。

2. 利用词云表示招聘网站中招聘方对岗位需求的关注点

词云的调用方法如下。

```
WordCloud().add(series_name, data_pair, word_size_range, rotate_step)
```

参数说明如表 8.7 所示。

表 8.7　词云调用方法参数说明

参数	说明	是否必须	备注
series_name	系列名称	否	
data_pair	数据	是	格式为[(key1,value1), (key2,value2)]
word_size_range	词语字体大小范围	否	例如[20,80]
rotate_step	旋转词语角度	否	默认是 45°

示例 8-5：绘制词云确定招聘方对岗位需求的关注点。

对招聘网站中产品经理的招聘信息进行爬取，得到其中岗位需求的数据，通过绘制词云确定招聘方对岗位需求的关注点。

岗位需求数据如图 8.9 所示。

```
1   1. 本科以上学历，具备3年以上互联网产品工作经验，熟悉产品设计和用户交互工作流程。
2   2. 思维逻辑清晰，数据分析能力优秀，善于用数据驱动产品的优化升级。
3   3. 具有社交、社区、视频等的相关工作经验优先。
4   4. 善于思考，善于沟通和团队协作。
5   5. 熟练使用 SQL 进行数据的查询与处理，有研发或数据分析背景优先。
6   6. 能快速理解业务，发掘业务细节和数据之间的联系。
7   7. 思维活跃，注重细节，关注从创意到执行的全过程。
8   1. 本科及以上学历，5年以上风控产品经理工作经验，2年以上管理工作经验。
9   2. 具备复杂策略类产品设计基础和实战经验，有成熟的方法论。
10  3. 数据敏感度高，从数据上发现风险，定位原因，给出解决方案，并验证结果。
```

图8.9　岗位需求数据

整体核心代码如下。

```
1.   import jieba
2.   import pandas as pd
3.   from pyecharts import options as opts
4.   from pyecharts.charts import WordCloud
5.   """结巴分词"""
6.   def fenciFile(file_name):
7.       word_map=dict()
8.       #停用词
9.       stopwords=["以上", "具备", "以上学历", "以及"]
10.      with open(file_name, "r", encoding='utf-8') as file:
11.          for line in file:
12.              words=jieba.cut(line) #精确分词
13.              for word in words:
14.                  if len(word)==1: #过滤单个词，例如"的"
15.                      continue
16.                  if word in stopwords: #过滤停用词
17.                      continue
18.                  if word in word_map.keys(): #计算词频
19.                      word_map[word]+=1
20.                  else:
21.                      word_map[word]=1
22.      return word_map
23.  """词云"""
```

```
24. def function5():
25.     word_map=fenciFile("blog.csv")
26.     #将数据改成 WordCloud()输入的格式，即[(x1, y2), (x2, y2)]
27.     list=[]
28.     for k,v in word_map.items():
29.         list.append((k, v))
30.     print(list)
31.     c=(
32.         WordCloud()
33.             #词语字体大小范围为 20～80，旋转词语 60°
34.             .add("", list, word_size_range=[20, 80], rotate_step=60)
35.             .set_global_opts(title_opts=opts.TitleOpts(title="wordcloud"))
36.             .render("wordcloud.html")
37.     )
38. if __name__ == '__main__':
39.     function5()
```

运行上述代码后，会生成一个名为 wordcloud 的 HTML 文件，单击该 HTML 文件即可在默认浏览器上浏览绘制结果，如图 8.10 所示。

图8.10　词云展示岗位需求中关键词分布绘制结果

从图 8.10 中可以看出高频关键词有能力、经验、产品等，说明招聘者对求职者的能力、经验比较看重，对是否做过产品方面的工作以及是否具备沟通能力、逻辑思维等比较重视。

8.2.2　使用 PyEcharts 绘制对求职者不同能力需求程度的雷达图

雷达图适用于对多维数据进行评估比较，其评估具有整体性和全局性。数据越接近圆心，证明该指标越弱；反之，则该指标越强。

雷达图调用方法如下。

```
Radar().add_schema(schema, splitarea_opt).add(series_name, data, color)
```

参数说明如表 8.8 所示。

表 8.8　雷达图调用方法参数说明

方法	参数	说明	是否必须
add_schema()	schema	指示器配置项列表	是
	splitarea_opt	分隔区域配置项	否
add()	series_name	系列名称	否
	data	数据	是
	color	颜色	否

示例 8-6：绘制对求职者不同能力需求程度的雷达图。

对示例 8-5 中的数据进行筛选，通过雷达图表示招聘者对求职者的不同能力的需求程度。假设分别对表达能力、经验、沟通能力、逻辑思维、数据分析能力、抗压能力进行分析。

核心代码如下。

```
1.  from pyecharts import options as opts
2.  from pyecharts.charts import Radar
3.  def function6():
4.      #对数据进行分词，参照示例 8-5
5.      word_map=fenciFile("blog.csv")
6.      #需要比较的各项能力
7.      v=[[word_map["表达能力"], word_map["经验"], word_map["沟通能力"], word_map
        ["逻辑思维"], word_map["数据分析能力"], word_map["抗压能力"]]]
8.      (
9.          Radar(init_opts=opts.InitOpts(width="1000px", height="600px")) #设置画布大小
10.             .add_schema(
11.             #配置需要比较能力的范围，即给出最大值
12.             schema=[
13.                 opts.RadarIndicatorItem(name="表达能力", max_=20),
14.                 opts.RadarIndicatorItem(name="经验", max_=20),
15.                 opts.RadarIndicatorItem(name="沟通能力", max_=20),
16.                 opts.RadarIndicatorItem(name="逻辑思维", max_=20),
17.                 opts.RadarIndicatorItem(name="数据分析能力", max_=20),
18.                 opts.RadarIndicatorItem(name="抗压能力", max_=20),
19.             ],
20.             #展示分隔区域，并且进行透明度展示
21.             splitarea_opt=opts.SplitAreaOpts(
22.                 is_show=True, areastyle_opts=opts.AreaStyleOpts(opacity=1)
23.             ),
24.         )
25.             #加入数据，并设置名称
26.             .add(
27.             series_name="能力需求",
28.             data=v,
29.             )
```

```
30.           #标签不显示
31.           .set_series_opts(label_opts=opts.LabelOpts(is_show=False))
32.           #显示标题
33.           .set_global_opts(
34.           title_opts=opts.TitleOpts(title="产品经理能力需求"))
35.           .render("radar.html")
36.     )
37. if __name__ == '__main__':
38.     function6()
```

运行上述代码后，会生成一个名为 radar 的 HTML 文件，单击该 HTML 文件即可在默认浏览器上浏览绘制结果，如图 8.11 所示。

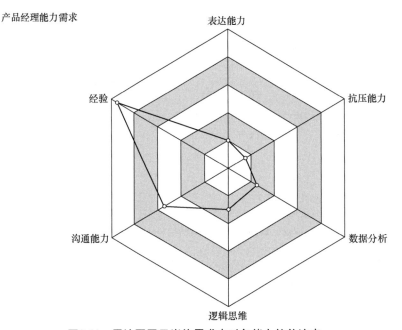

图8.11　雷达图展示岗位需求中对各能力的关注度

通过雷达图可以看出招聘者对求职者的经验的要求很高，而对抗压能力的要求较低。

核心代码分析如下。

Radar 通过.add_schema 对雷达指示器进行配置，给出最大值；同时通过.add 将数据导入。

> **本章小结**

➢　PyEcharts 为 Python 开发者提供了一个友好的 Echarts 可视化库。

➢　PyEcharts 可以通过全局配置项配置一些属性的信息，通过系列配置项可以配置标签样式、分割线样式、分隔区域样式等。

➢　掌握利用 PyEcharts 绘制柱状图、饼状图、组合图、地图、词云、雷达图的方法。

本章习题

1．简答题

（1）PyEcharts 的总体配置分为哪两类？

（2）PyEcharts 绘制柱状图的调用语句是什么？

（3）PyEcharts 绘制地图的调用语句是什么？

2．编程题

需求：通过示例 8-1 中的数据绘制各地区的确诊人数折线图，利用 PyEcharts 的 Line() 方法实现。

## 第 9 章

Bokeh 数据可视化

技能目标

➢ 了解 Bokeh 可视化工具的概念及优势
➢ 掌握使用 Bokeh 可视化工具绘图的步骤
➢ 了解 Bokeh 可视化工具中的常用数据交互工具

本章任务

学习本章，读者需要完成以下 3 个任务。

任务 9.1　使用 Bokeh 可视化工具以折线图的方式展示信息

使用 Bokeh 可视化工具绘制 2013 年～2020 年全国司法案件数量变化趋势的折线图，绘制完成后，将折线图以 HTML 脚本存储方式输出。

任务 9.2　使用 Bokeh 可视化工具以分组柱状图的方式展示信息

使用 Bokeh 可视化工具以分组柱状图的方式展示 2017 年～2020 年全国司法案件关键数据量对比情况。在将柱状图中涉及的数据以表格控件方式可视化展示的同时，利用特定交互工具提升可视化体验。绘制完成后将图形以 HTML 脚本存储方式输出。

任务 9.3　使用 Bokeh 可视化工具以饼状图的方式展示信息

使用 Bokeh 可视化工具以饼状图的方式展示 2019 年及 2020 年全国司法案件中，民事、刑事、知识产权类等案件的数据分布情况，利用 Bokeh 工具中的面板及选项卡切换 2019 年案件分布图及 2020 年案件分布图。

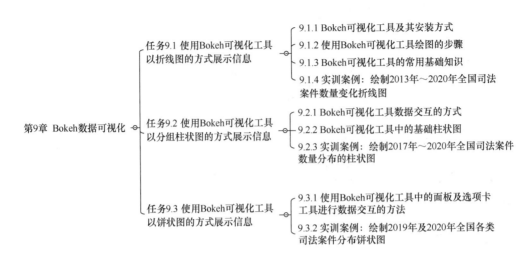

与 Matplotlib 不同，Bokeh 是一种针对浏览器中的图形演示的交互式可视化 Python 库。它能够绘制会"运动"、含有链接的动态图片，这是 Bokeh 与其他可视化库的最大区别。本章将重点介绍使用 Bokeh 可视化工具绘制常用图形的方法及数据交互工具。

任务 9.1　使用 Bokeh 可视化工具以折线图的方式展示信息

【任务描述】

使用 Bokeh 可视化工具绘制 2013 年～2020 年全国司法案件数量变化趋势的折线图以及 2013 年～2020 年全国民事、刑事、知识产权类案件数量变化趋势的折线图，绘制完成后将折线图以 HTML 脚本存储方式输出，方便后续使用。

【关键步骤】

（1）了解 Bokeh 可视化工具的概念及优势。

（2）掌握使用 Bokeh 可视化工具绘图的步骤。

（3）掌握 Bokeh 可视化工具的常用基础知识，包含 Bokeh 基本词条、Bokeh 常用功能接口、Bokeh 颜色及图形属性、Bokeh 数据类型及转换、Bokeh 常用图形显示布局方法、图形存储等基础知识。

（4）了解使用 Bokeh 可视化工具绘制折线图的简介及适用场景。

（5）掌握使用 Bokeh 可视化工具绘制折线图的方法。

9.1.1　Bokeh 可视化工具及其安装方式

Bokeh 的目标是使用 D3.js 样式提供优雅、简洁、新颖的图形化风格，同时提供大型数据集的高性能交互功能。Bokeh 支持用户快速创建交互式的绘图、仪表盘和数据应用。这对喜爱 D3.js 的可视化效果，但不熟悉 JavaScript 的用户有莫大的帮助。Bokeh 工具提供了实现完善的可视化必需的函数及辅助函数，同时也将网页前端的技术细节包装成一个个 Python 函数与参数供用户调用，让用户不需要再编辑 HTML 与 JavaScript 便能完成网页前端的可视化工作。

　　Bokeh 工具的官网为用户提供了许多精彩的"画廊"以展示基础的例子，如图 9.1 所示。

图9.1　Bokeh展示基础示例图

Bokeh 工具的优势如下。

➢　Bokeh 可以利用简洁的代码快速创建复杂的统计图。

➢　Bokeh 提供到各种媒体（如 HTML、Notebook 文档和服务器）的输出。

➢　我们可以将 Bokeh 可视化嵌入 Flask 和 Django 程序。

➢　Bokeh 可以转换写在其他库（如 Matplotlib、seaborn 和 ggplot）中的可视化。

➢　Bokeh 可以灵活地将交互式应用、布局、样式选择用于可视化。

　　Bokeh 的安装十分方便、简单，仍然可以通过 Anaconda 进行安装，本书介绍的 Bokeh 安装版本为 1.4.0，使用的操作系统是 macOS，安装命令为 conda install bokeh=1.4.0。安装完后进入命令提示符窗口，输入 import bokeh，查看是否安装成功。若安装成功，界面会返回图 9.2 所示的信息。

```
(dataview) zhouguagyudeMBP:~ zhouguangyu$ python
Python 3.6.5 | packaged by conda-forge | (default, Apr  6 2018, 13:44:09)
[GCC 4.2.1 Compatible Apple LLVM 6.1.0 (clang-602.0.53)] on darwin
Type "help", "copyright", "credits" or "license" for more information.
>>> import bokeh
>>>
```

图9.2　Bokeh安装成功

9.1.2　使用 Bokeh 可视化工具绘图的步骤

使用 Bokeh 可视化工具绘图的具体步骤如下。

（1）导入库或方法。

（2）数据准备。

（3）创建画布并设置画布属性。

（4）创建绘图模式并设置绘图样式。

（5）图表可视化。

举例说明图形的基本绘制步骤，核心代码如下。

```
1.  #导入库
2.  from bokeh.plotting import figure, output_notebook, show
3.  #数据准备
4.  x=[1, 2, 3, 4, 5]
5.  y=[6, 7, 8, 9, 10]
6.  #创建画布并设置画布属性：设置画布尺寸
7.  plot=figure(plot_width=600, plot_height=600)
8.  #创建绘图模式并设置绘图样式：设置坐标、大小、颜色、透明度
9.  plot.circle(x, y, size=40, color="#9E9E9E", alpha=0.8)
10. #图表可视化
11. show(plot)
```

运行结果如图 9.3 所示。

图 9.3 中的交互界面右侧图标的功能分别为移动、缩放、滚轮缩放、保存、刷新、帮助。

上述代码中涵盖了散点图的基本绘制步骤，在绘制过程中需要重点学习绘图方法（上述代码第 9 行为绘图方法）。随着学习的代码逐步增多，读者自然可以掌握设置绘图属性及显示方式的方法。figure 对象提供了许多绘图方法，而这些方法的实现基于 bokeh.models 接口。本小节将介绍基本图形的绘制方法。Bokeh 工具的 figure() 类中涵盖了 30 种基本图元绘制方法，利用这些方法可以绘制出各式各样的复杂图形，由于本书篇幅有限，在此，只列举几种图形绘制方法，读者可以在课后完成不同绘图方法的尝试。

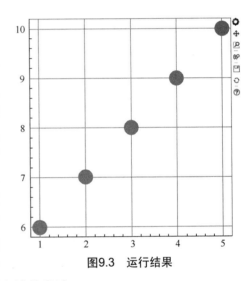

图9.3　运行结果

9.1.3　Bokeh 可视化工具的常用基础知识

9.1.2 小节中已经介绍了使用 Bokeh 可视化工具绘图的步骤。在实际绘图的过程中，我们还需掌握 Bokeh 工具的常用基础知识。

1. Bokeh 常用基本词条

为了更好地使用 Bokeh 可视化工具绘制图形，首先需要了解常用的基本词条，具体如下。

（1）Glyphs：基本图形，bokeh.plotting。

（2）BokehJS：主要用来渲染图形以及实现动态交互可视化。

（3）Models：提供灵活的底层样式。

（4）Widgets：提供图形交互控件，例如可使用滑动条、复选框、按钮执行复杂的交互操作。

2. Bokeh 常用功能接口

Bokeh 常用功能接口及用途描述如表 9.1 所示。

表 9.1　Bokeh 常用功能接口及用途描述

功能接口	用途描述
bokeh.models	设置工具条，举例：控件、图形属性、准备数据等
bokeh.layouts	设置图形显示方式，举例：grid()、gridplot()、row()、colunm()等
bokeh.palettes	设置 Bokeh 可视化工具内置调色板
bokeh.plotting	设置绘制基本图形，举例：wedge()、circle()等
bokeh.io	设置图形保存或显示方式，举例：output_file()、output_notebook()等
bokeh.settings	设置资源消耗、日志等

3. Bokeh 颜色及图形属性

Bokeh 工具可以接收的颜色种类如下。

➤　Bokeh 可以接收 HTML 及 CSS 颜色规范中定义的 147 种颜色，例如 "red" "black" 等。

➤　RGB 颜色值，例如 "#A1A1A1" "#9B30FF" 等。

➤　三维元组（R,G,B），且 R、G、B 取值范围为 0~255。

➤　调色板，Bokeh 中包含的所有标准的调色板都可以在 Bokeh.Palettes 中找到。

Bokeh 图形属性种类如下。

➤　线条属性：常用属性包含 line_color、line_alpha、line_width、line_dash。

➤　填充属性：常用属性包含 fill_color、fill_alpha。

➤　文本属性：常用属性包含 text_font、text_font_size、text_color、text_alpha。

我们接下来举例说明颜色及图形属性的应用。具体应用有以下 3 种。

（1）设置边框颜色、边框宽度、边框透明度

核心代码如下。

```
1.  from bokeh.plotting import figure, output_notebook, show
2.  x=[1, 2, 3, 4, 5]
3.  y=[6, 7, 8, 9, 10]
4.  plot=figure(plot_width=600, plot_height=600)
5.  #设置边框颜色
6.  plot.outline_line_color="#8DB6CD"
7.  #设置边框宽度
8.  plot.outline_line_width=10
9.  #设置边框透明度
10. plot.outline_line_alpha=0.5
11. plot.circle(x, y, size=40, color="#9E9E9E")
12. show(plot)
```

边框属性修改结果如图 9.4 所示。

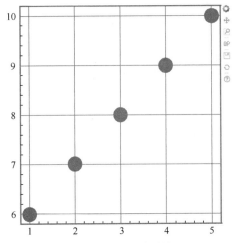

图9.4　边框属性修改结果

（2）设置坐标轴属性

如设置 X 轴标签、X 轴宽度、X 轴颜色、Y 轴刻度颜色等属性。核心代码如下。

```
1.  from bokeh.plotting import figure, output_notebook, show
2.  x=[1, 2, 3, 4, 5]
3.  y=[6, 7, 8, 9, 10]
4.  plot=figure(plot_width=600, plot_height=600)
5.  plot.circle(x, y, size=40, color="#9E9E9E")
6.  #设置 X 轴属性
7.  #设置 X 轴标签
8.  plot.xaxis.axis_label="X 轴"
9.  #设置 X 轴宽度
10. plot.xaxis.axis_line_width=10
11. #设置 X 轴颜色
12. plot.xaxis.axis_line_color="#FF7F00"
13. #设置 X 轴刻度颜色
14. plot.xaxis.major_label_text_color="red"
15. #设置 Y 轴属性
16. #设置 Y 轴标签
17. plot.yaxis.axis_label="Y 轴"
18. #设置 Y 轴刻度颜色
19. plot.yaxis.major_label_text_color="#00FF7F"
20. show(plot)
```

坐标轴属性修改结果如图 9.5 所示。

（3）设置网格属性

如设置 X 轴填充颜色等。核心代码如下。

```
1.  from bokeh.plotting import figure, output_notebook, show
2.  x=[1, 2, 3, 4, 5]
3.  y=[6, 7, 8, 9, 10]
4.  plot=figure(plot_width=600, plot_height=600)
5.  plot.circle(x, y, size=40, color="#9E9E9E")
6.  #X 轴网格线
7.  #设置 X 轴透明度
```

8.　plot.xgrid.band_fill_alpha=0.5

9.　#设置 X 轴填充颜色

10. plot.xgrid.band_fill_color="#FFD700"

11. #Y 轴网格线

12. #取消 Y 轴网格线颜色

13. plot.ygrid.grid_line_color=None

14. show(plot)

网格属性修改结果如图 9.6 所示。

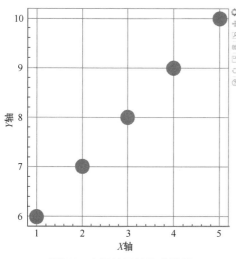

图9.5　坐标轴属性修改结果

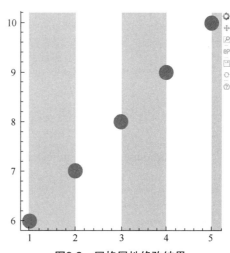

图9.6　网格属性修改结果

4. Bokeh 数据类型及转换

在 Bokeh 数据准备的过程中，绘图数据可以直接使用 Python 中的 list、dict 数据类型，同时支持使用 NumPy 中的 Array 以及 pandas 中的 DataFrame 数据类型。也可以使用 Bokeh 独有的 ColumnDataSource 定义绘图数据，以便在绘图方法中直接调用列名进行绘图。

通过 Python 中的字典创建 ColumnDataSource 对象来绘制散点图的核心代码如下。

```
1.　 #导入库
2.　 from bokeh.models import ColumnDataSource
3.　 from bokeh.plotting import figure, output_notebook, show
4.　 #数据准备
5.　 x=[1, 2, 3, 4, 5]
6.　 y=[6, 7, 8, 9, 10]
7.　 #通过 ColumnDataSource()方法实现数据转化
8.　 source=ColumnDataSource(data={
9.　　　 'x' : x,
10.　　 'y' : y,
11. })
12. #创建画布并设置画布属性：设置画布尺寸
13. plot=figure(plot_width=600, plot_height=600)
14. #创建绘图模式并设置绘图样式：设置坐标、大小、颜色、透明度
15. plot.circle('x', 'y', size=40, color="#9E9E9E", alpha=0.8,source=source)
16. #图表可视化
17. show(plot)
```

通过字典创建 ColumnDataSource 对象绘制散点图的结果如图 9.7 所示。

通过专属的数据格式 DataFrame 创建 ColumnDataSource 对象来绘制散点图的核心代码如下。

```
1.  #导入库
2.  from bokeh.models import ColumnDataSource
3.  #导入 Bokeh 自带的练习数据
4.  from bokeh .sampledata.iris import flowers as flowers
5.  from bokeh.plotting import figure, output_notebook, show
6.  #通过 ColumnDataSource()方法实现数据转化
7.  source=ColumnDataSource(flowers)
8.  #创建画布并设置画布属性：设置画布尺寸
9.  plot=figure(plot_width=600, plot_height=600)
10. #创建绘图模式并设置绘图样式：设置坐标、大小、颜色、透明度
11. plot.circle('petal_length', petal_width', size=5, color="#9E9E9E", alpha=0.8,
    source=source) '
12. #图表可视化
13. show(plot)
```

通过 DataFrame 创建 ColumnDataSource 对象绘制散点图的结果如图 9.8 所示。

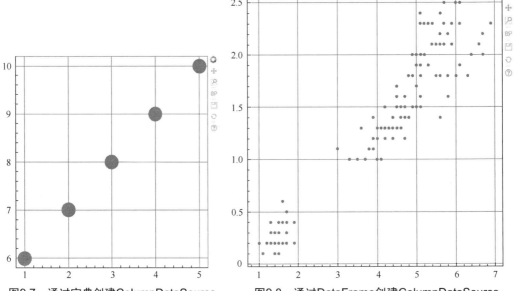

图9.7　通过字典创建ColumnDataSource
对象绘制散点图的结果

图9.8　通过DataFrame创建ColumnDataSource
对象绘制散点图的结果

5. Bokeh 常用图形显示布局方法

Bokeh 常用的图形显示布局方法如下。

➢ 使用 row()函数或者 column()函数以行列显示排列图形的方式排列布局。

➢ 使用 gridplot()函数以网格显示排列图形的方式排列布局。

通过 row()函数将两个散点图以横向排列图形的方式排列布局，其核心代码如下。

```
1.  from bokeh.layouts import row
2.  from bokeh.plotting import figure, output_notebook, show
```

```
3.  #数据准备
4.  x=[1, 2, 3, 4, 5]
5.  y=[6, 7, 8, 9, 10]
6.  #创建画布并设置画布属性：设置画布尺寸
7.  plot_circle=figure(plot_width=600, plot_height=600)
8.  #创建绘图模式并设置绘图样式：设置坐标、大小、颜色、透明度
9.  plot_circle.circle(x, y, size=40, color="#9E9E9E", alpha=0.8)
10. #创建画布并设置画布属性：设置画布尺寸
11. plot_square=figure(plot_width=600, plot_height=600)
12. #创建绘图模式并设置绘图样式：设置坐标、大小、颜色、透明度
13. plot_square.square(x, y, size=40, color="#9E9E9E", alpha=0.8)
14. #图表可视化
15. show(row(plot_circle,plot_square))
```

通过 row()函数横向排列图形的结果如图 9.9 所示。

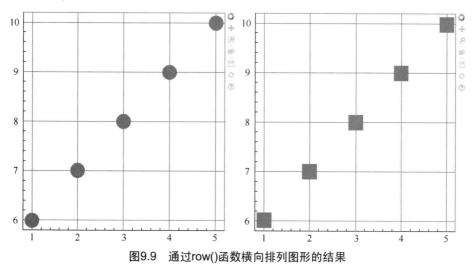

图9.9　通过row()函数横向排列图形的结果

通过 column()函数将两个散点图以纵向排列图形的方式排列布局，核心代码如下。

```
1.  from bokeh.layouts import row, column
2.  show(column(plot_circle,plot_square))
```

通过 column()函数纵向排列图形的结果如图 9.10 所示。

通过 gridplot()函数将两个散点图以网格显示排列图形的方式排列布局，核心代码如下。

```
1.  #导入库
2.  from bokeh.layouts import row, column, gridplot
3.  from bokeh.plotting import figure, output_notebook, show
4.  #数据准备
5.  x=[1, 2, 3, 4, 5]
6.  y=[6, 7, 8, 9, 10]
7.  #创建画布并设置画布属性：设置画布尺寸
8.  plot_circle=figure(plot_width=400, plot_height=400)
9.  #创建绘图模式并设置绘图样式：设置坐标、大小、颜色、透明度
10. plot_circle.circle(x, y, size=40, color="#9E9E9E", alpha=0.8)
11. #创建画布并设置画布属性：设置画布尺寸
12. plot_square=figure(plot_width=400, plot_height=400)
```

```
13.  #创建绘图模式并设置绘图样式：设置坐标、大小、颜色、透明度
14.  plot_square.square(x, y, size=40, color="#9E9E9E", alpha=0.8)
15.  #创建画布并设置画布属性：设置画布尺寸
16.  plot_triangle = figure(plot_width=400, plot_height=400)
17.  #创建绘图模式并设置绘图样式：设置坐标、大小、颜色、透明度
18.  plot_triangle.triangle(x, y, size=40, color="#9E9E9E", alpha=0.8)
19.  #图表可视化
20.  show(gridplot([{plot_circle,plot_square},{plot_triangle,None}],toolbar_
     locat ion=None))
```

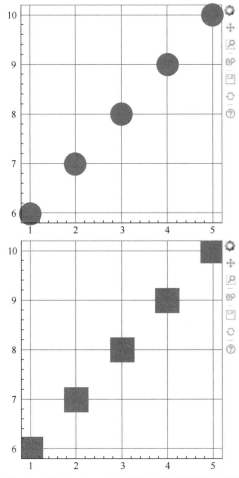

图9.10　通过column()函数纵向排列图形的结果

通过 gridplot()函数以网格显示排列图形的结果如图 9.11 所示。

6. 图形存储

为了存储绘制后的图形，可以使用 output_file()方法将绘制后的图形保存在 HTML
脚本中。核心代码如下。

```
1.  from bokeh.io import output_file
2.  put_file("xxxx.html",title="xxxx")
```

通过 output_file()方法导出的 HTML 文件，可以在浏览器中直接打开。

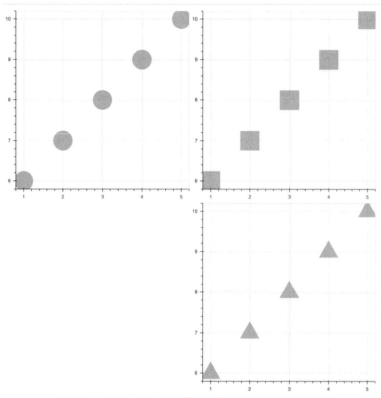

图9.11　通过gridplot()函数以网格显示排列图形的结果

9.1.4　实训案例：绘制 2013 年～2020 年全国司法案件数量变化折线图

使用 Bokeh 可视化工具绘制 2013 年～2020 年全国司法案件数量变化趋势的折线图。具体需要绘制 2013 年～2020 年全国司法案件数量变化趋势的折线图以及展示 2013 年～2020 年全国民事、刑事、知识产权类案件数量变化趋势的折线图，绘制完成后将折线图以 HTML 脚本存储方式输出，方便后续使用。

1．关键步骤

（1）通过 pandas 工具读取指定 CSV 文件，并截取 datasource=“gf”的数据集。

（2）创建 Bokeh 独有的数据形式 ColumnDataSource。

（3）创建绘图模式并设置绘图样式。

（4）根据个性化样式创建 figure 画布。

（5）根据任务需求创建折线图，并个性化地设置折线图属性。

（6）根据网格显示、排列折线图。

（7）将绘制完毕的折线图以 HTML 脚本方式存储。

2．具体实现

核心代码如下。

```
1.  import pandas as pd
2.  from bokeh. io import show, output_file
```

```
3.  from bokeh.models import ColumnDataSource
4.  from bokeh.plotting import figure
5.  from bokeh.layouts import gridplot
6.  csv_data=pd.read_csv('wenshu_year_nums.csv')
7.  csv_data['year']=pd.to_datetime(csv_data["year"],format='%Y')
8.  gf_data=csv_data[csv_data['datasource']=='gf']
9.  gf_data=gf_data.sort_values(by='year').reset_index(drop=True)
10. gf_source=ColumnDataSource(gf_data)
11. #案件总量变化曲线
12. total_plot=figure(x_axis_type="datetime",title="2013 年～2020 年司法案件总量变化
    曲线", plot_width=600,plot_height=400)
13. total_plot.line('year','case_total_nums',line_color='#FFD700',legend_label=
    '案件总体数量',source= gf_source,line_width=3)
14. total_plot.legend.location="top_left"
15. #设置边框颜色
16. total_plot.outline_line_color="#8DB6CD"
17. #设置边框宽度
18. total_plot.outline_line_width=4
19. #设置边框透明度
20. total _plot. outline _line _alpha=0.8
21. #设置 X 轴属性
22. #设置 X 轴标签
23. total_plot.xaxis.axis_label="年份"
24. #设置 X 轴宽度
25. total_plot.xaxis.axis_line_width=5
26. #设置 X 轴颜色
27. total_plot.xaxis.axis_line_color="#436EEE"
28. #设置 X 轴刻度颜色
29. total _plot.xaxis.major_label_text_color="red"
30. #设置 Y 轴属性
31. #设置 Y 轴标签
32. total _plot.yaxis.axis_label="案件数量（万）"
33. #设置 Y 轴宽度
34. total_plot.yaxis.axis_line_width=5
35. #设置 Y 轴颜色
36. total_plot.yaxis.axis_line_color="#436EEE"
37. #设置 Y 轴刻度颜色
38. total _plot.yaxis.major_label_text_color="red"
39. #设置网格属性
40. #X 轴网格线
41. #设置 X 轴透明度
42. total _plot.xgrid.band_ fill _alpha=0.5
43. #设置 X 轴填充颜色
44. total _plot.xgrid.band_fill_color="#1C86EE"
45. #Y 轴网格线
46. #设置 Y 轴网格线颜色
47. total _plot.ygrid.grid_line_color="#4682B4"
48. #案件总量变化曲线
49. minshi_plot=figure(x_axis_type="datetime", title="2013 年~2020 年民事、刑事、知
```

识产权类案件数量变化曲线", plot_width=600, plot_height=400)

```
50. minshi_plot.line('year', 'case_minshi_nums', line_color='#FF3030', legend_
    label='民事案件数量', source=gf_source, line_width=3)
51. minshi_plot.line('year', 'case_xingshi_num', line_color='#EE3B3B', legend_
    label='刑事案件数量', source=gf_source, line_width=3)
52. minshi_plot.line('year', 'case_zhishichanquan_num', line_color='#9B30FF',
    legend_label='知识产权案件数量', source=gf_source, line_width=3, line_dash="5 5")
53. minshi_plot.legend.location="top_left"
54. #设置边框颜色
55. minshi_plot.outline _line_color="#8DB6CD"
56. #设置边框宽度
57. minshi_plot.  outline _line _width=4
58. #设置边框透明度
59. minshi_plot.outline_line_alpha=0.8
60. #设置 X 轴属性
61. #设置 X 轴标签
62. minshi_plot.xaxis.axis_label="年份"
63. #设置 X 轴宽度
64. minshi_plot.xaxis.axis_line_width=5
65. #设置 X 轴颜色
66. minshi_plot.xaxis.axis_line_color="#436EEE"
67. #设置 X 轴刻度颜色
68. minshi_plot.xaxis.major_label_text_color="red"
69. #设置 Y 轴属性
70. #设置 Y 轴标签
71. minshi_plot.yaxis.axis_label="案件数量（万）"
72. #设置 Y 轴宽度
73. minshi_plot.yaxis.axis_line_width=5
74. #设置 Y 轴颜色
75. minshi_plot.yaxis.axis_line_color="#436EEE"
76. #设置 Y 轴刻度颜色
77. minshi_plot.yaxis.major_label_text_color="red"
78. #设置网格属性
79. #X 轴网格线
80. #设置 X 轴透明度
81. minshi_plot.xgrid.band_fill_alpha=0.5
82. #设置 X 轴填充颜色
83. minshi_plot.xgrid.band_fill_color="#1C86EE"
84. #Y 轴网格线
85. #设置 Y 轴网格线颜色
86. minshi_plot.ygrid.grid_line_color="#4682B4"
87. #根据网格显示、排列图形
88. gridplot=gridplot([{total_plot,minshi_plot}],toolbar_location=None)
89. #输出 HTML 脚本
90. output _file("task_one.html",title="使用 Bokeh 可视化工具绘制 2013 年~2020 年司法
    案件总量变化曲线")
91. show(gridplot)
```

运行结果如图 9.12 所示。

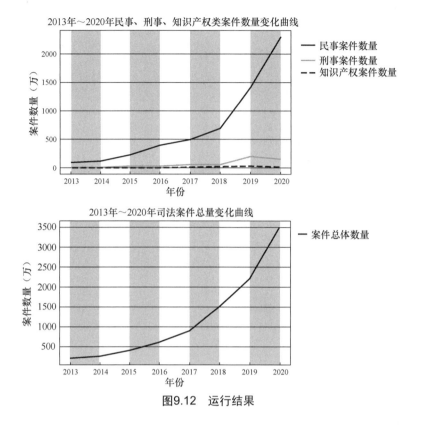

图9.12　运行结果

任务 9.2　使用 Bokeh 可视化工具以分组柱状图的方式展示信息

【任务描述】

使用 Bokeh 可视化工具以分组柱状图的方式展示 2017 年～2020 年全国司法案件中，民事、刑事、知识产权类等案件的数据量对比情况。同时利用特定交互工具提升可视化体验，绘制完成后将图形以 HTML 脚本存储方式输出，方便后续使用。

【关键步骤】

（1）了解 Bokeh 可视化工具数据交互的方式。

（2）掌握使用表格控件进行数据交互的方法。

（3）掌握使用悬浮工具进行数据交互的方法。

（4）了解 Bokeh 可视化工具绘制柱状图的适用场景。

（5）掌握 Bokeh 可视化工具绘制柱状图的方法。

9.2.1　Bokeh 可视化工具数据交互的方式

Bokeh 可视化工具数据交互的方式一般分为两类。

➢　使用工具条套索关联进行数据交互，简单来说就是将 Bokeh 图形与 Bokeh 图形连接起来，被连接图形中的任一个图形被选中或移动等时，另外的图形也执行同样的操作。

> ➤ 使用控件进行数据交互，如使用表格控件、悬浮工具控件等进行数据交互。

1．使用工具条进行数据交互（套索关联）

现在需要进一步了解如何将 Bokeh 图形与 Bokeh 图形连接起来。这不同于简单的排列，图形会在与其关联的图形被选中或移动时，执行同样的操作。可以通过在创建图形时选择 tools 参数，并通过 row()函数来实现图表横向排列可视化。核心代码如下。

```
1.  #导入库
2.  from bokeh.layouts import row, column, gridplot
3.  from bokeh.models import ColumnDataSource
4.  from bokeh.plotting import figure, output_notebook, show
5.  #数据准备
6.  x=[1, 2, 3, 4, 5]
7.  y=[6, 7, 8, 9, 10]
8.  #通过ColumnDataSource()方法实现数据转化
9.  source=ColumnDataSource(data={
10.     'x' : x,
11.     'y' : y,
12. })
13. #设置工具栏tools 功能属性为保存、选择
14. tools="save,box_select,lasso_select"
15. #创建画布并设置画布属性：设置画布尺寸，设置tools 属性
16. plot_circle=figure(tools=tools,plot_width=600, plot_height=600)
17. #创建绘图模式并设置绘图样式：设置坐标、大小、颜色、透明度
18. plot_circle.circle('x', 'y', size=40, color="#9E9E9E", alpha=0.8,source=source)
19. #创建画布并设置画布属性：设置画布尺寸，设置tools 属性
20. plot_square=figure(tools=tools,plot_width=600, plot_height=600)
21. #创建绘图模式并设置绘图样式：设置坐标、大小、颜色、透明度
22. plot_square.square('x', 'y', size=40, color="#9E9E9E", alpha=0.8,source=source)
23. #图表可视化
24. show(row(plot_circle,plot_square))
```

通过设置 tools 参数实现套索关联结果如图 9.13 所示。

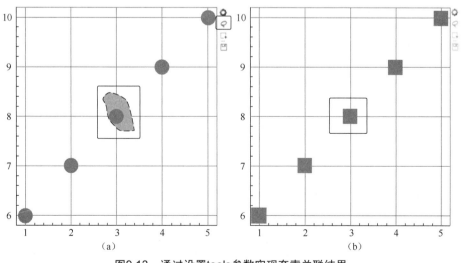

图9.13　通过设置tools参数实现套索关联结果

我们通过设置 tools 属性，将图 9.13（a）与图 9.13（b）关联起来，从图中的方框中可以看出，我们在图 9.13（a）中执行选择部分区域的操作时，图 9.13（b）中会自动执行选择相同区域的操作，以达到图形套索关联的目的。

2. 使用悬浮工具控件进行数据交互

把图形与悬浮工具控件连接起来，当鼠标指针悬停在相关区域时就会显示出一些信息。核心代码如下。

```
1.  #导入库
2.  from bokeh.models import ColumnDataSource, HoverTool
3.  from bokeh.plotting import figure, output_notebook, show
4.  #数据准备
5.  x=[1, 2, 3, 4, 5]
6.  y=[6, 7, 8, 9, 10]
7.  #通过ColumnDataSource()方法实现数据转化
8.  source=ColumnDataSource(data={
9.      'x' : x,
10.     'y' : y,
11. })
12. #设置悬浮信息
13. hover_tool=HoverTool(tooltips=[
14.         ('(x,y)', '($x,$y)')
15.         ])
16. #创建画布并设置画布属性：设置画布尺寸，设置tools属性
17. plot=figure(plot_width=600, plot_height=600, tools=[hover_tool])
18. #创建绘图模式并设置绘图样式：设置坐标、大小、颜色、透明度
19. plot.circle('x', 'y', size=40, color="#9E9E9E", alpha=0.8,source=source)
20. #图表可视化
21. show(plot)
```

鼠标指针悬停在相关区域时的结果如图 9.14 所示。

3. 使用表格控件进行数据交互

绘制精美的图形可以提升视觉体验，但是有时为了更好地决策需要更精准的数据，故我们需要学习表格控件的使用。为了实现使用表格控件进行数据交互，需要通过 DataTable()方法展示数据。DataTable()方法常用参数说明如下。

➢ columns=List(Instance(TableColumn))：表格列数据。

➢ width=Override(default=600)：表格宽度。

➢ height=Override(default=400)：表格高度。

核心代码如下。

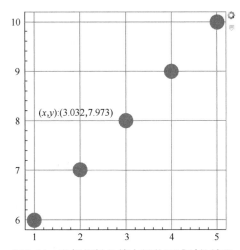

图9.14　鼠标指针悬停在相关区域时的结果

```
1.  #表格控件交互
2.  from bokeh.plotting import figure, output_notebook, show
3.  from bokeh.layouts import widgetbox
```

```
4.  from bokeh.models import ColumnDataSource
5.  from bokeh.models.widgets import DataTable, DateFormatter, TableColumn
6.  data=dict(
7.        data_dt=['2019-01-01','2019-01-02','2019-01-03','2019-01-04'],
8.        nums=[1,2,3,4]
9.     )
10. columnDataSource=ColumnDataSource(data)
11. #表格列数据
12. tableColumns=[
13.        TableColumn(field="data_dt", title="Data_dt"),
14.        TableColumn(field="nums", title="Nums"),
15.     ]
16. #使用 DataTable()方法展示表格数据
17. data_table=DataTable(source=columnDataSource, columns=tableColumns, width=
    400, height=200)
18. #显示表格，单击表头，自动排序
19. show(widgetbox(data_table))
```

使用表格控件进行数据交互结果如图 9.15 所示。

#	Data_dt	Nums
0	2019-01-01	1
1	2019-01-02	2
2	2019-01-03	3
3	2019-01-04	4

图9.15 使用表格控件进行数据交互结果

9.2.2 Bokeh 可视化工具中的基础柱状图

接下来介绍使用 Bokeh 可视化工具中的基础柱状图展示 2020 年司法案件数量分布情况。具体实现代码如下。

```
1.  from bokeh.io import show
2.  from bokeh.models import ColumnDataSource
3.  import bokeh.palettes as palettes
4.  from bokeh.plotting import figure
5.  from bokeh.transform import factor_cmap
6.  #数据准备
7.  case_type=['案件总数','民事案件数量','刑事案件数量','知识产权案件数量','其他案件数量']
8.  case_nums=['500','320','80','10','90']
9.  source=ColumnDataSource(data=dict(case_type=case_type,case_nums=case_nums))
10. #创建画布、设置画布属性
11. p=figure(x_range=case_type,plot_height=350,
12.        title="2020 年司法案件数量分布")
13. #绘图，分组颜色映射
14. p.vbar(x='case_type',top='case_nums',width=0.9,source=source,legend="case_type",
15.        line_color='white',fill_color=factor_cmap('case_type',palette=palettes.
           GnBu6,factors=case_type))
16. #坐标轴、图例设置
17. p.xgrid.grid_line_color = None
18. p.y_range.start = 0
```

```
19. p.y_range.end = 650
20. p.legend.orientation = "horizontal"
21. p.legend.location = "top_center"
22. show(p)
```
2020 年司法案件数量分布结果如图 9.16 所示。

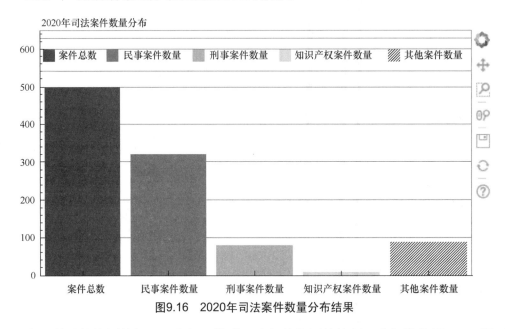

图9.16　2020年司法案件数量分布结果

有了基础柱状图的知识，我们开始学习分组柱状图的绘制。分组柱状图，又叫聚合柱状图。当使用者需要在同一个轴上显示各个分类下不同的分组时，需要用到分组柱状图。和柱状图类似，使用柱形的高度来映射和对比数据值。每个分组中的柱形使用不同颜色或者相同颜色不同透明度的方式区别各个分类，各个分组之间需要有间隔。分组柱状图经常用于不同组间数据的比较，这些组都包含相同分类的数据。

9.2.3　实训案例：绘制 2017 年～2020 年全国司法案件数量分布的柱状图

具体需求为绘制 2017 年～2020 年全国司法案件中民事、刑事、知识产权类等案件的数据量对比情况的分组柱状图，并将柱状图中涉及的数据以表格控件方式可视化展示，同时利用悬浮交互工具提升可视化体验，绘制完成后将图形以 HTML 脚本存储方式输出，方便后续使用。

1. 关键步骤

（1）根据任务需求创建分组柱状图，并个性化地设置柱状图属性。

（2）应用 Bokeh 工具中的悬浮工具控件改善交互可视化效果。

（3）应用 Bokeh 工具中的表格控件展示具体司法案件数据量信息。

2. 具体实现

具体实现代码如下。

```
1. import pandas as pd
2. from bokeh.io import show, output_file
```

```
3.  from bokeh.layouts import widgetbox, column
4.  from bokeh.models import ColumnDataSource, HoverTool, TableColumn, DataTable
5.  from bokeh.plotting import figure
6.  from bokeh.transform import dodge
7.  from bokeh.core.properties import value
8.  #数据准备
9.  df=pd.read_csv("wenshu_year_nums.csv",header=0)
10. df=df[df['datasource'] == 'gf']
11. df.drop(['datasource','year'],axis=1, inplace=True)
12. df=df.T
13. df.columns=['2013','2014','2015','2020','2016','2017','2018','2019']
14. df.index=['案件总数', '民事案件数量', '刑事案件数量', '知识产权案件数量', '其他案件数量']
15. #横坐标列表
16. abscissa_list=df.index.tolist()
17. #将数据转化为 ColumnDataSource 对象
18. source=ColumnDataSource(data=df)
19. #使用悬浮工具控件进行数据交互，展示 2017 年～2020 年指定类型司法案件数量
20. hovertool=HoverTool(
21.     tooltips=[
22.         ("时间", "@index"),
23.         ("2017", "@{2017}"),
24.         ("2018", "@{2018}"),
25.         ("2019", "@{2019}"),
26.         ("2020", "@{2020}")
27.     ]
28. )
29. #创建画布并修改画布属性
30. p=figure(x_range=abscissa_list, plot_height=350, title="2017 年～2020 年各类司
    法案件数量对比", tools=[hovertool])
31. #绘制多组柱状图
32. #采用 dodge 数据转换，按司法案件分类不同年份分组，value 为元素的位置（配合 width 设置）
33. #value 按照年份分为 dict
34. p.vbar(x=dodge('index', -0.25, range=p.x_range), top='2017', width=0.2,
    source=source,color= "#c9d9d3", legend=value("2017"))
35. p.vbar(x=dodge('index', 0, range=p.x_range), top='2018', width=0.2, source=
    source,color= "#718dbf", legend=value("2018"))
36. p.vbar(x=dodge('index', 0.25, range=p.x_range), top='2019', width=0.2, sour
    ce=source,color= "#e84d60", legend=value("2019"))
37. p.vbar(x=dodge('index', 0.5, range=p.x_range), top='2020', width=0.2, source=
    source,color= "#FF7F00", legend=value("2020"))
38. p.xgrid.grid_line_color=None
39. p.legend.location="top_left"
40. p.legend.orientation="horizontal"
41. #表格数据准备
42. data=dict(
43.     data_dt=['2017','2018','2019','2020'],
44.     case_total_nums=[900,1500,2200,3500],
45.     case_minshi_nums=[500,700,1400,2300],
46.     case_xingshi_num=[60,70,200,150],
```

```
47.        case_zhishichanquan_num=[10,19,25,24],
48.        case_qita_num=[330,711,575,1026]
49.    )
50. #将数据转化为 ColumnDataSource 对象
51. columnDataSource=ColumnDataSource(data)
52. #表格列数据
53. tableColumns=[
54.        TableColumn(field="data_dt", title="年份"),
55.        TableColumn(field="case_total _nums", title="案件总数"),
56.        TableColumn(field="case_minshi_nums", title="民事案件数量"),
57.        TableColumn(field="case_xingshi_num", title="刑事案件数量"),
58.        TableColumn(field="case_zhishichanquan_num", title="知识产权案件数量"),
59.        TableColumn(field="case_qita_num", title="其他案件数量"),
60.    ]
61. #使用 DataTable()方法展示表格数据
62. data_table=DataTable(source=columnDataSource, columns=tableColumns, width=
    400, height=200)
63. #HTML 脚本输出
64. output _file ("task_three.html",title="使用 Bokeh 可视化工具展示 2017 年～2020 年
    各类司法案件数量对比结果")
65. #使用 column 方法纵向布局展示，表格提供单击表头实现自动排序的功能
66. show(column(p,widgetbox(data_table)))
```

2017 年～2020 年各类司法案件数量对比结果如图 9.17 所示。

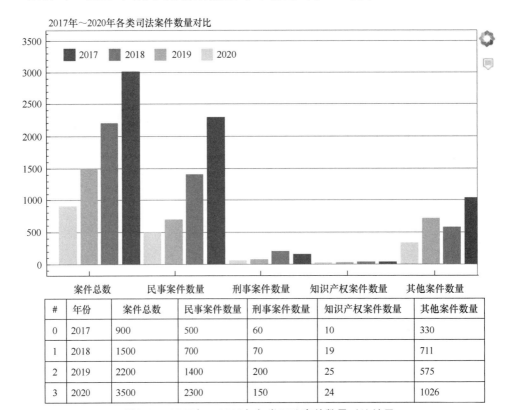

#	年份	案件总数	民事案件数量	刑事案件数量	知识产权案件数量	其他案件数量
0	2017	900	500	60	10	330
1	2018	1500	700	70	19	711
2	2019	2200	1400	200	25	575
3	2020	3500	2300	150	24	1026

图9.17　2017年～2020年各类司法案件数量对比结果

使用 Bokeh 可视化工具以饼状图的方式展示信息

【任务描述】

使用 Bokeh 可视化工具以饼状图的方式展示 2019 年及 2020 年全国司法案件中，民事、刑事、知识产权类等案件的数据分布情况。具体需求为以饼状图的方式展示 2019 年及 2020 年全国司法案件中，民事、刑事、知识产权类等案件的数据分布情况，为了提升用户的可视化体验，利用 Bokeh 工具中的面板及选项卡切换 2019 年案件分布图及 2020 年案件分布图。

【关键步骤】

（1）了解使用 Bokeh 可视化工具中面板及选项卡工具进行数据交互的方法。

（2）了解使用 Bokeh 可视化工具绘制饼状图的适用场景。

（3）掌握使用 Bokeh 可视化工具绘制饼状图的方法。

9.3.1　使用 Bokeh 可视化工具中的面板及选项卡工具进行数据交互的方法

可以通过 Bokeh 工具中的 Panel() 和 Tabs() 方法展示多张不同的画布。核心代码如下。

```
1.  #选项卡
2.  from bokeh.io import show
3.  from bokeh.models.widgets import Panel, Tabs
4.  from bokeh.plotting import figure
5.  #创建画布并设置画布属性：设置画布尺寸
6.  plot_one=figure(plot_width=300, plot_height=300)
7.  #创建绘图模式并设置绘图样式：设置坐标、大小、颜色、透明度
8.  plot_one.circle([1, 2, 3, 4, 5], [1, 2, 3, 4, 5], size=20, color="#FF69B4",
    alpha=0.5)
9.  #设置 Panel 属性：设置页码、分页名称
10. tab_one=Panel(child=plot_one, title="plot_one")
11. #创建画布并设置画布属性：设置画布尺寸
12. plot_two=figure(plot_width=300, plot_height=300)
13. #创建绘图模式并设置绘图样式：设置坐标、宽度、颜色、透明度
14. plot_two.line([1, 2, 3, 4, 5], [1, 2, 3, 4, 5], line_width=3, color="#EE00EE",
    alpha=0.5)
15. #设置 Panel 属性：设置页码、分页名称
16. tab_two=Panel(child=plot_two, title="plot_two")
17. #设置选项卡图表
18. tabs=Tabs(tabs=[ tab_one, tab_two ])
19. show(tabs)
```

使用面板及选项卡控件进行数据交互结果如图 9.18 所示。

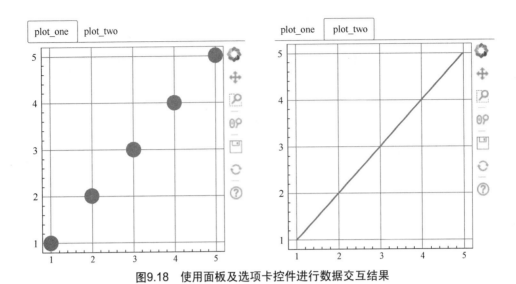

图9.18 使用面板及选项卡控件进行数据交互结果

9.3.2 实训案例：绘制 2019 年及 2020 年全国各类司法案件分布饼状图

饼状图广泛应用于各个领域，表示不同分类的占比情况，通过弧形大小来对比各种分类。饼状图将一个"圆饼"按照分类的占比划分成多个区块，整个圆饼代表数据总量，每个区块（圆弧）表示该分类占总体的比例大小，所有区块（圆弧）占比的和等于100%。饼状图可以很好地帮助用户快速了解数据的占比分配情况。饼状图基本的缺陷是难以准确排序，通观全局时首要任务是能够对数据按大小进行排序，但人眼对于角度的判断并不敏感。

使用 Bokeh 可视化工具以饼状图的方式展示 2019 年及 2020 年全国司法案件中，民事、刑事、知识产权类等案件的数据分布情况。

1. 关键步骤

（1）根据任务需求创建饼状图，并个性化地设置饼状图属性。

（2）应用 Bokeh 工具中的面板及选项卡改善可视化效果。

2. 具体实现

具体实现代码如下。

```
1.  from math import pi
2.  import pandas as pd
3.  import bokeh .palettes as palettes
4.  from bokeh.io import show
5.  from bokeh.models import Panel, Tabs
6.  from bokeh.plotting import figure
7.  from bokeh.transform import cumsum
8.  #2019年司法民事、刑事、知识产权等类型案件分布
9.  #数据准备
10. case_2019={
11.     '民事案件数量' : 1400,'刑事案件数量' : 200,'知识产权案件数量' : 25,'其他案件
        数量' : 575,
12. }
13. data_2019=pd.Series(case_2019).reset_index(name='nums').rename(columns={'index':
```

```
     'case_type'})
14. print(data_2019)
15. data_2019['pi']=data_2019['nums']/data_2019['nums'].sum() * 2*pi
16. data_2019['colors']=palettes.Colorblind[len(case_2019)]
17. print(data_2019)
18. #创建画布、设置画布属性
19. plot_2019=figure(plot_height=500, title="2019 年司法民事、刑事、知识产权等类型案件饼状
     图分布情况", tools="save,hover", tooltips="@case_type: @nums 万", x_range=(-0.5, 1.0))
20.
21. #绘图，分组颜色映射
22. plot_2019.wedge(x=0, y=1, radius=0.5,
23.         start_angle=cumsum('pi', include_zero=True), end_angle=cumsum('pi'),
24.         line_color="white", fill_color='colors', legend='case_type', source=
            data_2019)
25. #坐标轴、图例设置
26. plot_2019.axis.axis_label=None
27. plot_2019.axis.visible=False
28. plot_2019.grid.grid_line_color=None
29. #设置选项卡
30. panel_2019=Panel(child=plot_2019, title="plot_2019")
31.
32. #2020 年司法民事、刑事、知识产权等类型案件分布
33. #数据准备
34. case_2020={
35.     '民事案件数量'：2300,'刑事案件数量'：150,'知识产权案件数量'：24,'其他案
        件数量'：1026,
36. }
37. cadata_2020=pd.Series(case_2020).reset_index(name='nums').rename(columns=
     {'index':'case_type'})
38. print(cadata_2020)
39. cadata_2020['pi']=cadata_2020['nums']/cadata_2020['nums'].sum() * 2*pi
40. cadata_2020['colors']=palettes .Spectral[len(case_2020)]
41. print(cadata_2020)
42. #创建画布、设置画布属性
43. plot_2020=figure(plot_height=500, title="2020 年司法民事、刑事、知识产权等类型案件
     饼状图分布情况",
44.         tools="save,hover", tooltips="@case_type: @nums 万", x_range=(-0.5, 1.0))
45. #绘图，分组颜色映射
46. plot_2020.wedge(x=0, y=1, radius=0.5,
47.         start_angle=cumsum('pi', include_zero=True), end_angle=cumsum('pi'),
48.         line_color="white", fill_color='colors', legend='case_type', source=
            cadata_2020)
49. #坐标轴、图例设置
50. plot_2020.axis.axis_label=None
51. plot_2020.axis.visible=False
52. plot_2020.grid.grid_line_color=None
53. #设置选项卡
54. panel_2020=Panel(child=plot_2020, title="plot_2020")
55. #设置面板
56. tabs=Tabs(tabs=[ panel_2019, panel_2020 ])
57. show(tabs)
```

运行结果如图 9.19 所示。

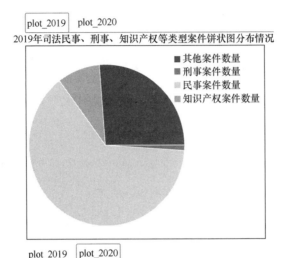

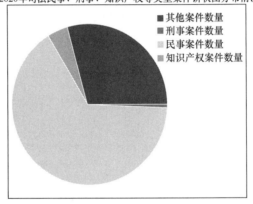

图9.19　运行结果

至此 Bokeh 工具的可视化展示项目就介绍完毕了。在前文中，我们初识了 Bokeh 的概念及优势，了解了使用 Bokeh 工具绘图的步骤、Bokeh 常用绘图基础知识及常用交互操作，学习了折线图、柱状图、饼状图的使用场景内容及案例。Bokeh 工具还有很多绘图模型，如气泡图、散点图等，在此就不一一举例介绍，读者可根据各自的需求在 Bokeh 官方网站逐一学习。

本章小结

➢　Bokeh 是一款针对浏览器中图形演示的交互式可视化 Python 库。

➢　使用 Bokeh 可视化工具绘图的步骤，主要包含导入库、数据准备、创建画布并设置画布属性、创建绘图模式并设置绘图样式、图表可视化。

➢　Bokeh 可视化工具中常用数据交互工具，如使用工具条进行数据交互、使用悬浮工具进行数据交互、使用表格工具进行数据交互、使用面板及选项卡工具进行数据交互等。

➢ 掌握 Bokeh 可视化工具中常用绘制图形的模式，如折线图、柱状图、饼状图。

本章习题

1．简答题

（1）简述 Bokeh 可视化工具的优势。

（2）简述使用 Bokeh 可视化工具绘图的步骤。

（3）常用数据交互工具控件有哪些？

2．编程题

需求：使用 Bokeh 可视化工具以饼状图的方式展示 2017 年～2020 年全国司法案件中民事、刑事、知识产权类等案件的数据分布情况。

第 10 章

项目实战——房多多网站数据获取与可视化

技能目标

➤ 掌握数据采集过程

➤ 掌握数据可视化过程

➤ 积累项目实战经验

本章任务

学习本章，读者需要完成以下 3 个任务。

任务 10.1　采集房多多网站信息

采用 Scrapy 框架爬取房多多网站中上海市全量房源信息列表并做相应处理。

任务 10.2　通过数据分析方法分析网站源数据

利用任务 10.1 中采集的相关数据，结合方差分析方法和回归分析方法进行数据分析。

任务 10.3　使用 Bokeh 工具进行网站源数据可视化

利用任务 10.1 中采集的相关数据，绘制所需的折线图、柱状图和饼状图。

通过本书前 9 章知识的学习，我们已经掌握了独立完成大部分网站的数据采集、数据分析、数据可视化的展示等技能。本章将介绍完成一个项目实战，重点介绍如何将数据采集、数据分析和数据可视化贯穿起来，本章以采集房多多网站中上海市全量二手房房源信息为例，运用数据分析方法分析上海市二手房房源发布数据以及使用 Bokeh 可视化工具进行相关应用场景的展示。

任务 10.1 采集房多多网站信息

【任务描述】

采用 Scrapy 框架爬取房多多网站中上海市全量房源信息列表即二手房房源详情信息，并通过 Item Pipeline 组件将整合后的二手房房源详情信息持久化地写入指定 MySQL 数据库中的表内，同时在本地以 JSON 格式的文本文件方式备份，将备份数据作为基础数据，方便后续进行数据分析、数据可视化时使用。

【技术要点】

本项目中爬取了房多多二手房房源可采集的全量数据，在开发程序、采集数据的过程中，我们需要掌握以下技术要点。

➢ 分析目标采集网页的结构及规律。

➢ 掌握翻页及深层次爬取的分析方法。

➢ 掌握使用 Scrapy 框架采集目标网页数据的方法。

➢ 掌握 XPath 工具的提取技术。

➢ 掌握使用正则表达式提取复杂数据的方法。

➢ 掌握使用 Item 封装采集的数据的方法。

➢ 掌握使用管道处理采集数据并持久化地存储落地的方法。

根据需求，采用 Scrapy 框架采集房多多网站中二手房房源列表数据及详情数据，第 1 步先将二手房房源列表数据下载下来，再将房源标题及房源详情页面 HTTP 请求地址字段通过 XPath 工具提取出来，根据详情页面的 HTTP 请求，深层次爬取二手房房源的详情数据。第 2 步利用 XPath 工具提取二手房房源详情字段并将其与二手房房源列表数据字段进行整合汇总。第 3 步对整合汇总后的数据做一些简单的数据清洗工作，如通过正则表达式提取二手房房源发布时间及房源总价。第 4 步通过 Scrapy 框架中的 Item Pipeline 组件将清洗后的数据写入 MySQL 数据库中的指定表内，同时将写入 MySQL 数据库的数据以 JSON 格式的文本文件方式备份至本地，便于后续进行数据分析、数据可视化时使用。

【实现步骤】

（1）使用 startproject 命令创建项目。

（2）使用 genspider 命令创建爬虫文件。

（3）分析房多多二手房房源列表页面及详情页面 HTML 脚本的结构。

（4）分析房多多二手房房源列表翻页规律。

（5）编写 items.py 文件。

（6）编写爬虫文件。

（7）编写管道文件。

（8）更改 settings.py 文件。

（9）创建数据库中的表结构。

（10）运行爬虫。

【具体实现】

（1）使用 startproject 命令创建项目

使用 startproject 命令创建采集房多多二手房房源信息项目，名称为 fangddproject。

```
>>> scrapy startproject fangddproject
```

（2）使用 genspider 命令创建爬虫文件

```
>>> scrapy genspider fangdd shanghai.fangdd.com
```

（3）分析房多多二手房房源列表页面及详情页面 HTML 脚本的结构

通过 Chrome 或 Firefox 浏览器开发者工具打开房多多二手房房源信息列表页面，单击 Network 面板下的 ALL 模块，列表中的第一个 URL 链接就是二手房房源列表页面的 GET 请求，在 Response 功能模块下即可查看 URL 链接返回的页面 HTML 脚本，如图 10.1 所示。

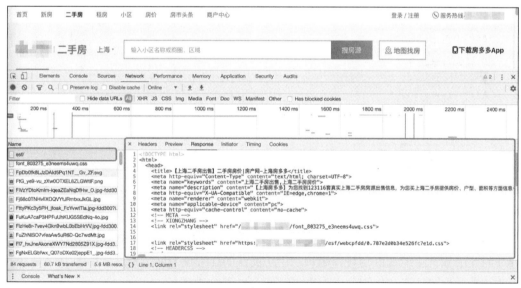

图10.1　查看网页HTML

根据页面布局首先分析、定位要采集的二手房房源列表信息在 HTML 中的位置、样式、结构等信息。如图 10.2 所示，我们可以确认二手房房源列表信息列表在 class 为 "List-column" 的 div 容器中。

确认并分析每一条二手房房源列表信息的 HTML 结构，如图 10.3 所示。

图10.2　查找房源列表位置

图10.3　分析HTML结构

　　根据图 10.3 可以分析出，在 class 为 "LpList-name ellipsis" 的 h4 标签中的第一个链接 a 的 href 属性中的 http 地址，为该二手房房源的详细说明网页地址，如图 10.4 所示。单击该地址即可访问该房源的详细说明网页，如图 10.5 所示。

　　根据上述分析，我们暂且确认爬取房源数据范围为：二手房房源描述、二手房房源详情 URL、二手房房源发布时间、二手房房源出售价格、二手房房源每平方米单价、二手房房源房型信息、二手房房源面积信息、二手房房源朝向信息、二手房房源编号、二手房房源所属小区、二手房房源所属地址 1、二手房房源所属地址 2、二手房房源所属地址 3、二手房房源评论汇总信息。

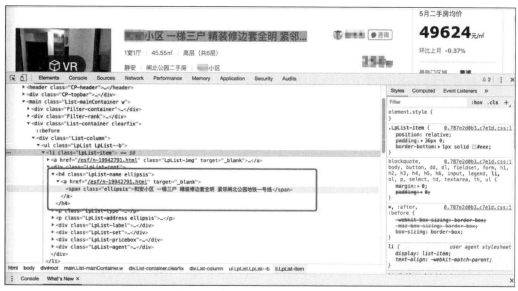

图10.4　查看HTML中的链接位置

图10.5　详细说明网页

（4）分析房多多二手房房源列表翻页规律

为了爬取全量的二手房房源信息，需要采取网站翻页的方式实现全量爬取。基于本节任务的需要，我们需要采集房多多网站全量的二手房房源信息，只需获取每一页的"下一页"控件上的 URL 链接，如图 10.6 所示。

图10.6　获取每一页的"下一页"控件上的URL链接

（5）编写 items.py 文件

Scrapy 工程下 items.py 文件中的核心代码如下。

```
1.   #-*- coding: utf-8 -*-
2.
3.   #Define here the models for your scraped items
4.
5.   #See documentation in:
6.   #http://doc.scrapy.org/en/latest/topics/items.html
7.
8.   import scrapy
9.
10.
11.  class FangdddprojectItem (scrapy .Item):
12.      #define the fields for your item here like:
13.      #name=scrapy.Field()
14.      #XPath 提取二手房房源描述
15.      house_title=scrapy.Field()
16.      #XPath 提取二手房房源详情 URL
17.      addr_http=scrapy.Field()
18.      #二手房房源发布时间
19.      house_pubdate=scrapy.Field()
20.      #二手房房源出售价格
21.      house_price=scrapy.Field()
22.      #二手房房源每平方米单价
23.      house_single_price=scrapy.Field()
24.      #二手房房源房型信息
25.      house_info_layout=scrapy.Field()
```

```
26.      #二手房房源面积信息
27.      house_info_area=scrapy.Field()
28.      #二手房房源朝向信息
29.      house_info_orientation=scrapy.Field()
30.      #二手房房源编号
31.      house_info_nums=scrapy.Field()
32.      #二手房房源所属小区
33.      house_info_village=scrapy.Field()
34.      #二手房房源所属地址 1
35.      house_info_addr1=scrapy.Field()
36.      #二手房房源所属地址 2
37.      house_info_addr2=scrapy.Field()
38.      #二手房房源所属地址 3
39.      house_info_addr3=scrapy.Field()
40.      #二手房房源评论汇总信息
41.      house_info_comments=scrapy.Field()
```

（6）编写爬虫文件

编写爬虫文件 fangdd.py，代码内容如下。

```
1.  #-*- coding: utf-8 -*-
2.  import re
3.  import scrapy
4.  from fangddproject.items import FangddprojectItem
5.
6.
7.  class FangddSpider (scrapy .Spider):
8.      name="fangdd"
9.      allowed_domains=["▢▢▢▢▢.fangdd.com"]
10.     start_urls=['https://shanghai.fangdd.com/esf/']
11.
12.     def parse(self, response):
13.         print('===============')
14.         div_el_list=response.xpath('//div[@class="List-column"]/ul/li')
15.         #获取 "下一页" URL
16.         next_page=response.xpath(
17.             '//div[@class="Pager-wrap clearfix"]/div[@class="Pager fr"]/a
                [last()]/@href').extract_first()
18.         for el in div_el_list:
19.             #XPath 提取二手房房源描述
20.             house_title=el.xpath('.//div[@class="LpList-cont"]/h4/a/span/
                text()').extract_first()
21.             #XPath 提取二手房房源详情 URL
22.             addr_http=el.xpath('.//div[@class="LpList-cont"]/h4/a/@href').
                extract_first()
23.             item=FangddprojectItem()
24.             item['house_title']=house_title
25.             addr_http=str('https://▢▢▢▢▢.fangdd.com' + str(addr_http))
26.             item['addr_http']=addr_http
27.             try:
28.                 #访问二手房房源详情页面，并将返回结果回调至 parse_detailspage()方法中
29.                 yield scrapy.Request(addr_http, meta={'item': item},
30.                                 callback=self.parse_detailspage)
31.             except Exception as e:
```

```
32.              print(e)
33.          #判断当前页面是否是需爬取的最后一页
34.          if next_page:
35.              next_page='https://        .fangdd.com' + str(next_page)
36.              yield scrapy.request(str(next_page),
37.                                   callback=self.parse)
38.
39.      def parse_detailspage(self, response):
40.          print(response.status)
41.          item=response.meta['item']
42.          #二手房房源发布时间
43.          house_pubdate=response.xpath('.//div[@class="TopHeader w"]/p[@class=
             "TopHeader- info"]/text()').extract_first()
44.          #用正则表达式筛选出日期格式
45.          item['house_pubdate']=re.search(r"(\d{4}-\d{1,2}-\d{1,2})", house_
             pubdate).group(0)
46.          #二手房房源出售价格
47.          item['house_price']=response.xpath(
48.              './/div[@class="BasicDetail-wrap"]/div[@class="BasicDetail Basic
             Detail-esf"]/div[@class= "BasicDetail-esf-base"]/p[@class=
             "BasicDetail-esf-base-price"]/strong/text()').extract_first()
49.          #二手房房源每平方米单价
50.          house_single_price=response.xpath(
51.              './/div[@class="BasicDetail-wrap"]/div[@class="BasicDetail Basic
             Detail-esf"]/div[@class= "BasicDetail-esf-base"]/p[@class=
             "BasicDetail-esf-ba se-single"]/text()').extract_first()
52.          #用正则表达式筛选出数字金额
53.          item['house_single_price']=re.findall("\d+", house_single_price)[0]
54.          #house_single_price=re.findall("\d+", house_single_price)
55.          #二手房房源房型信息
56.          item['house_info_layout']=response.xpath(
57.              './/div[@class="BasicDetail-wrap"]/div[@class="BasicDetail Basic
             Detail-esf"]/ul[@class="BasicDetail-esf-info"]/li[1]/strong/
             text()').extract_first()
58.          #二手房房源面积信息
59.          item['house_info_area']=response.xpath(
60.              './/div[@class="BasicDetail-wrap"]/div[@class="BasicDetail Basic
             Detail-esf"]/ul[@class= "BasicDetail-esf-info"]/li[2]/strong/
             text()').extract_first()
61.          #二手房房源朝向信息
62.          item['house_info_orientation']=response.xpath(
63.              './/div[@class="BasicDetail-wrap"]/div[@class="BasicDetail Basic
             Detail-esf"]/ul[@class="BasicDetail-esf-info"]/li[3]/strong/
             text()').extract_first()
64.          #二手房房源编号
65.          item['house_info_nums']=response.xpath(
66.              ''.//div[@class="BasicDetail-wrap"]/div[@class="BasicDetail Basic
             Detail-esf"]/div[@class="InfoList-wrap"]/ul[@class="InfoList
             InfoList--b"]/l i[1]/span[@class="InfoList-text"]/text()').
             extract_first()
67.          #二手房房源所属小区
68.          item['house_info_village']=response.xpath(
69.              ''.//div[@class="BasicDetail-wrap"]/div[@class="BasicDetail Basic
```

```
                  Detail-esf"]/div[@class= "InfoList-wrap"]/ul[@class="InfoList
                  InfoList--b"]/l i[2]/span[@class="InfoList-text"]/a/text()').
                  extract_first()
70.         #二手房房源所属地址 1
71.         item['house_info_addr1']=response.xpath(
72.             ''.//div[@class=" BasicDetail-wrap"]/div[@class="BasicDetail Basic
                  Detail-esf"]/div[@class= " InfoList-wrap"]/ul[@class="InfoList
                  InfoList--b"]/li[3]/span[@class="InfoList-text"]/a[1]/text()').
                  extract_first()
73.         #二手房房源所属地址 2
74.         item['house_info_addr2']=response.xpath(
75.             ''.//div[@class="BasicDetail-wrap"]/div[@class="BasicDetail Basic
                  Detail-esf"]/div[@class= "InfoList-wrap"]/ul[@class="InfoList
                  InfoList--b"]/l i[3]/span[@class="InfoList-text"]/a[2]/text()').
                  extract_first()
76.         #二手房房源所属地址 3
77.         item['house_info_addr3']=response.xpath(
78.             ''.//div[@class=" BasicDetail-wrap"]/div[@class="BasicDetail Basic
                  Detail-esf"]/div[@class= "InfoList-wrap"]/ul[@class="InfoList
                  InfoList--b"]/li[3]/span[@class="InfoList-text"]/a[3]/text()').
                  extract_first()
79.         #二手房房源评论汇总信息
80.         house_info_comments='';
81.         house_info_lis_comment=response.xpath(
82.             './/div[@class="Detail-column"]/div[@id="infoFlow"]/div[@class=
                  " Detail-bd"]/ul/li')
83.         for house_info_lis in house_info_lis_comment:
84.             house_info_comments+=house_info_lis.xpath(
85.                 './/div[@class="Flow-list-content"]/div[@class="_1c2Az"]/div/
                      text()').extract_first()
86.         item['house_info_comments']=house_info_comments
87.         return item
```

（7）编写管道文件

Scrapy 工程下 pipelines.py 文件中的核心代码如下。

```
1.   #PipelineToMysql 负责将房多多网站的房源信息持久化地写入本地文本文件
2.   import pymysql
3.
4.
5.   class PipelineToMysql(object):
6.       #MySQL 的连接对象声明
7.       conn=None
8.       #MySQL 的游标对象声明
9.       cursor=None
10.      def open_spider(self,spider):
11.          print('持久化落地 MySQL 入库开始')
12.          #连接数据库
13.          self.conn=pymysql.Connect(host='172.16.30.76',port=3306,user='root',
                  password='Zstx@2019', db='xzcf_data',charset='utf8')
14.      #编写向数据库中存储数据的相关代码
15.      def process_item(self, item, spider):
16.          #链接数据库
17.          #执行 sql 语句
```

```
18.        sql='insert into fangdd_houseinfo values("%s","%s","%s","%s","%s",
           "%s","%s","%s", "%s","%s","%s","%s","%s","%s")'%(str(item['house_
           title']),str (item['addr_http']),str(item['house_pubdate']), str
           (item['house_price']),str(item['house_single_price']),str(item['house_
           info_layout']),str(item['house_info_area']), str(item['house_info_
           orientation']),str(item['house_info_nums']),str(item['house_info_
           village']),str(item['house_info_addr1']),str(item['house_info_addr2']),
           str(item['house_info_addr3']),str(item['house_info_comments ']))
19.        self.cursor=self.conn.cursor()
20.        #执行事务
21.        try:
22.            self.cursor.execute(sql)
23.            self.conn.commit()
24.        except Exception as e:
25.            print(e)
26.            self.conn.rollback()
27.            return item
28.        #结束爬虫时，执行一次
29.        def close_spider(self,spider):
30.            print('房多多房源信息持久化写入 MySQL 数据库完毕')
31.            self.cursor.close()
32.            self.conn.close()
```

（8）更改 settings.py 文件

更改 settings.py 文件中的 ITEM_PIPELINES 及 ROBOTSTXT_OBEY 参数，核心代码如下。

```
1.  ROBOTSTXT_OBEY=False
2.
3.  ITEM_PIPELINES={
4.  'fangddproject.pipelines.PipelineToMysql': 300,
5.  }
```

（9）创建数据库中的表结构

在 MySQL 数据库中创建 fangdd_houseinfo 表的脚本如下。

```
1.  CREATE TABLE 'fangdd _houseinfo' (
2.  'house_title' text,
3.  'addr_http' text,
4.  'house_pubdate' text,
5.  'house_price' text,
6.  'house_single_price' text,
7.  'house_info_layout' text,
8.  'house_info_area' text,
9.  'house_info_orientation' text,
10. 'house_info_nums' text,
11. 'house_info_village' text,
12. 'house_info_addr1' text,
13. 'house_info_addr2' text,
14. 'house_info_addr3' text,
15. 'house_info_comments' text
16. NGINE=InnoDB DEFAULT CHARSET=utf8mb4
```

（10）运行爬虫

执行 scrapy crawl fangdd -o fangdd.json -s FEED_EXPORT_ENCODING=utf-8 命令运

行爬虫，将爬取到的内容写入数据库，同时将提取的内容备份至本地，图 10.7 所示是返回的部分内容，结束标志如图 10.8 所示（图 10.7 所示是中间返回的 JSON 内容，图 10.8 所示是完成写入数据库和本地的标志）。

```
'house_info_area': '56.38㎡',
'house_info_comments': ' 听说短视频看房更贵，发一个世界路151弄2室总价245万的笋盘试试，是怎么操作的么？？',
'house_info_layout': '2室1厅',
'house_info_nums': '19598707',
'house_info_orientation': '南北',
'house_info_village': '世界路151弄',
'house_price': '245',
'house_pubdate': '2020-03-27',
'house_single_price': '43455',
'house_title': '黄金楼后，南北户型，通风好采光佳，小区重新翻新过，出入方便。'}
2020-05-04 17:20:25 [scrapy.core.scraper] DEBUG: Scraped from <200 https://shanghai.fangdd.com/esf/n-19689811.html>
{'addr_http': 'https://shanghai.fangdd.com/esf/n-19689811.html',
'house_info_addr1': '杨浦',
'house_info_addr2': '中原',
'house_info_addr3': '开鲁路382弄',
'house_info_area': '41㎡',
'house_info_comments': '',
'house_info_layout': '1室1厅',
'house_info_nums': '19689811',
'house_info_orientation': '南',
'house_info_village': '开鲁路382弄',
'house_price': '235',
'house_pubdate': '2020-04-03',
'house_single_price': '57317',
'house_title': '一房一厅，带天井，精装修，拎包入住，房东置换看房有钥匙。'}
2020-05-04 17:20:25 [scrapy.core.engine] DEBUG: Crawled (200) <GET https://shanghai.fangdd.com/esf/n-18087384.html> (referer: https://shanghai.fangdd.com/esf/?pageNo=18)
2020-05-04 17:20:25 [scrapy.core.engine] DEBUG: Crawled (200) <GET https://shanghai.fangdd.com/esf/n-18744922.html> (referer: https://shanghai.fangdd.com/esf/?pageNo=18)
2020-05-04 17:20:25 [scrapy.core.engine] DEBUG: Crawled (200) <GET https://shanghai.fangdd.com/esf/n-18590783.html> (referer: https://shanghai.fangdd.com/esf/?pageNo=18)
2020-05-04 17:20:25 [scrapy.core.engine] DEBUG: Crawled (200) <GET https://shanghai.fangdd.com/esf/n-18590793.html> (referer: https://shanghai.fangdd.com/esf/?pageNo=18)
200
200
2020-05-04 17:20:25 [scrapy.core.engine] DEBUG: Crawled (200) <GET https://shanghai.fangdd.com/esf/?pageNo=20> (referer: https://shanghai.fangdd.com/esf/?pageNo=19)
2020-05-04 17:20:25 [scrapy.core.scraper] DEBUG: Scraped from <200 https://shanghai.fangdd.com/esf/n-18087384.html>
{'addr_http': 'https://shanghai.fangdd.com/esf/n-18087384.html',
'house_info_addr1': '闵行',
'house_info_addr2': '浦江镇',
'house_info_addr3': '浦涛路100弄',
'house_info_area': '62㎡',
'house_info_comments': '',
'house_info_layout': '2室1厅',
'house_info_nums': '18087384',
'house_info_orientation': '南北',
'house_info_village': '中虹浦江苑(浦涛路100弄)',
```

图10.7　返回结果的部分内容

```
'house_info_addr1': '杨浦',
'house_info_addr2': '中原',
'house_info_addr3': ' [杨浦区 -中原]
'house_info_area': '47.79㎡',
'house_info_comments': '',
'house_info_layout': '2室1厅',
'house_info_nums': '19626457',
'house_info_orientation': '南北',
'house_info_village': '市光三村',
'house_price': '240',
'house_pubdate': '2020-04-05',
'house_single_price': '50219',
'house_title': '新出房源 南北小两房 全明户型 近地铁 周边配套成熟'}
2020-05-04 17:34:45 [scrapy.core.engine] INFO: Closing spider (finished)
        房源信息持久化写入MySQL数据库完毕
2020-05-04 17:34:45 [scrapy.extensions.feedexport] INFO: Stored json feed (1513 items) in: fangdd.json
2020-05-04 17:34:45 [scrapy.statscollectors] INFO: Dumping Scrapy stats:
{'downloader/request_bytes': 638233,
'downloader/request_count': 1590,
'downloader/request_method_count/GET': 1590,
'downloader/response_bytes': 13126210,
'downloader/response_count': 1590,
'downloader/response_status_count/200': 1589,
'downloader/response_status_count/404': 1,
'dupefilter/filtered': 7,
'finish_reason': 'finished',
'finish_time': datetime.datetime(2020, 5, 4, 9, 34, 45, 727296),
'httperror/response_ignored_count': 1,
'httperror/response_ignored_status_count/404': 1,
'item_scraped_count': 1513,
'log_count/DEBUG': 3105,
'log_count/INFO': 12,
'log_count/WARNING': 24,
'memusage/max': 98013184,
'memusage/startup': 49438720,
'request_depth_max': 76,
'response_received_count': 1590,
'scheduler/dequeued': 1590,
'scheduler/dequeued/memory': 1590,
'scheduler/enqueued': 1590,
'scheduler/enqueued/memory': 1590,
'start_time': datetime.datetime(2020, 5, 4, 9, 31, 1, 933215)}
2020-05-04 17:34:45 [scrapy.core.engine] INFO: Spider closed (finished)
```

图10.8　结束标志

在 Spiders 文件夹下查看备份文件 fangdd.json 的文本内容，如图 10.9 所示。

图10.9　本地文本内容

在 MySQL 数据库中查询写入 fangdd_houseinfo 表中的房源信息数据，如图 10.10 所示。

图10.10　数据库中内容

至此，采集房多多二手房房源网站中二手房房源列表数据及二手房房源详情数据的项目就结束了。

通过数据分析方法分析网站源数据

【任务描述】

利用任务 10.1 中采集的房多多网站上海市二手房房源的全量数据，结合方差分析方法和回归分析方法进行如下分析。

（1）通过方差分析方法分析朝向、区域是否对上海房价有显著影响。

（2）通过回归分析方法分析上海房价与房屋面积的关系。

【技术要点】

（1）掌握方差分析中的多因素方差分析方法。

（2）掌握回归分析中的线性回归分析方法。

10.2.1　通过方差分析方法分析朝向、区域是否对上海房价有显著影响

使用多因素方差分析方法分析不同朝向、不同区域是否对上海房价有显著影响。

【实现步骤】

（1）假设不同朝向、不同区域对上海房价没有显著影响。

（2）预处理数据，得到上海不同朝向、不同区域对应的房价数据。

（3）进行多因素方差分析。

（4）得出结论。

【具体实现】

预处理数据实现代码如下。

```
1.  import json
2.  import pandas as pd
3.  #打开爬虫后的数据文件
4.  with open("../spiders/ fangdd.json", "r") as rfile:
5.      datas=json.load(rfile)
6.      df=pd.DataFrame(datas)
7.  #朝向映射
8.  orientationMap={"南": "101", "南北": "102", "西南": "103", "东南": "104",
    "北": "105", "西": "106", "东": "107", "西北": "108", "东西": "109"}
9.  #地址映射
10. add1Map={"宝山": "201", "闵行": "202", "浦东": "203", "奉贤": "204", "松江":
    "205", "静安": "206", "嘉定": "207", "黄浦": "208", "杨浦": "209", "徐汇":
    "210", "普陀": "211", "虹口": "212", "青浦": "213", "长宁": "214", "金山":
    "215"}
11. #将映射好的朝向数据写入 df
12. df["orientation"]=df["house_info_orientation"].map(orientationMap)
13. #将映射好的区域数据写入 df
14. df["add1"]=df["house_info_addr1"].map(add1Map)
15.
16. #面积映射
```

```
17. def replace(x):
18.     return x.replace("m²", "")
19. #将映射好的面积数据写入 df
20. df["area"]=df["house_info_area"].map(replace)
21. def anova():
22.     #得到房价、朝向、区域数据
23.     shuangyinsu=df[['house_price','orientation','add1']]
24.     #存入文件
25.     shuangyinsu.to_csv("anova_shuang.csv", index=None)
26. if __name__ == "__main__":
27.     anova()
```

得到的数据格式如图 10.11 所示。

多因素方差分析实现代码如下。

```
1.  import statsmodels.formula.api as smf
2.  import statsmodels .api as sm
3.  import pandas as pd
4.  """
5.  方差分析——多因素方差分析
6.  """
7.  def shuangYinSu():
8.      df=pd.DataFrame(pd.read_csv("../anova_
        shuang.csv"))
9.      formula='house_price ~ C(orientation) + C(add1)'
10.     #smf: 最小二乘法，构建线性回归模型
11.     lm=smf.ols(formula, df).fit()
12.     #anova_lm: 多因素方差分析
13.     result=sm.stats.anova_lm(lm)
14.     print(result)
15. shuangYinSu()
```

运行结果如图 10.12 所示。

	1	house_price,orientation,add1
	2	210,101,201
	3	278,101,202
	4	550,102,203
	5	570,102,201
	6	455,101,203
	7	425,101,203
	8	195,101,201
	9	140,102,204
	10	420,102,205
	11	168,101,201
	12	220,101,201
	13	425,101,203
	14	620,101,205
	15	360,101,201

图10.11 得到的数据格式

	df	sum_sq	mean_sq	F	PR(>F)
C(orientation)	8.0	8.843310e+06	1.105414e+06	7.914757	1.564140e-10
C(add1)	14.0	8.633944e+07	6.167103e+06	44.156424	5.032953e-106
Residual	1961.0	2.738829e+08	1.396649e+05	NaN	NaN

图10.12 运行结果

通过结果可以看出，F 值的概率 PR 值很小，而 F 值比 PR 值大很多，因此可以拒绝原假设，得到不同朝向、不同区域对上海房价有显著影响的结论；对于区域（add1）行，F 值远远大于 PR 值，因此区域的影响比朝向的影响更为显著。

10.2.2 通过回归分析方法分析上海房价与房屋面积的关系

使用线性回归分析方法分析上海房价与房屋面积的关系。

【实现步骤】

（1）预处理数据，得到上海市宝山区售卖房屋面积对应的房价数据。

（2）进行线性回归分析。

（3）得出结论。

【具体实现】

预处理数据实现代码如下。

```
1.  import json
2.  import pandas as pd
3.  #打开爬虫后的数据文件
4.  with open("../spiders/ fangdd.json", "r") as rfile:
5.      datas=json.load(rfile)
6.      df=pd.DataFrame(datas)
7.  #朝向映射
8.  orientationMap={"南": "101", "南北": "102", "西南": "103", "东南": "104",
    "北": "105", "西": "106", "东": "107", "西北": "108", "东西": "109"}
9.  #地址映射
10. add1Map={"宝山": "201", "闵行": "202", "浦东": "203", "奉贤": "204", "松江":
    "205", "静安": "206", "嘉定": "207", "黄浦": "208", "杨浦": "209", "徐汇":
    "210", "普陀": "211", "虹口": "212", "青浦": "213", "长宁": "214",
    "金山": "215"}
11. #将映射好的朝向数据写入df
12. df["orientation"]=df["house_info_orientation"].map(orientationMap)
13. #将映射好的区域数据写入df
14. df["add1"]=df["house_info_addr1"].map(add1Map)
15. #面积映射
16. def replace(x):
17.     return x.replace("m²", "")
18. #将映射好的面积数据写入df
19. df["area"]=df["house_info_area"].map(replace)
20. def linear():
21.     #过滤数据，只得到宝山地区的数据
22.     df1=df[df["add1"] == '201'] #宝山地区
23.     #得到房价、面积数据
24.     linear=df1[['house_price', 'area']]
25.     #存入文件
26.     linear.to_csv("linear.csv", index=None)
27. if __name__ == "__main__":
28.     linear()
```

得到的数据格式如图 10.13 所示。

线性回归分析实现代码如下。

```
1.  import pandas as pd
2.  import numpy as np
3.  from sklearn.linear_model import LinearRegression
4.  """
5.  回归分析——线性回归
6.  """
7.  def linear():
8.
9.      #读取数据并创建名为 data 的数据表
10.     data=pd.DataFrame(pd.read_csv("../linear.csv"))
11.     X=np.array(data[['house_price']])
12.     Y=np.array(data['area'])
13.     #求 X 和 Y 的相关系数
```

1	house_price,area
2	210,53
3	570,126.14
4	195,43.64
5	168,56.58
6	220,80
7	360,92.24
8	790,120.23
9	310,57
10	320,74.66
11	520,84
12	310,54
13	385,78
14	240,50.91
15	270,54

图10.13　得到的数据格式

```
14.    print("=======相关系数======")
15.    print(data.corr())
16.    #建立回归模型，得到 lrModel 的模型变量
17.    lrModel=LinearRegression()
18.    #模型训练
19.    lrModel.fit(X,Y) #参数求解的过程，并对模型进行拟合
20.    #对回归模型进行检验
21.    print("=======判定系数======")
22.    print(lrModel.score(X,Y))
23.    #利用回归模型进行预测
24.    print("=======预测结果======")
25.    print(lrModel.predict([[400],[300]]))
26. linear()
```

运行结果如图 10.14 所示。

通过结果可以看出，判定系数约为 0.7896，说明存在线性相关关系，预测得到 400 万元可以购买面积大约为 88.41 平方米的房子，300 万元可以购买面积大约为 73.28 平方米的房子。

图10.14　运行结果

任务 10.3　使用 Bokeh 工具进行网站源数据可视化

【任务描述】

利用任务 10.1 中采集的房多多网站上海市二手房房源的全量数据，绘制如下 5 种可视化图形。

（1）使用 Bokeh 工具绘制 2020 年上海市二手房每日房源新增数量变化曲线的折线图。

（2）使用 Bokeh 工具绘制 2020 年上海市浦东、宝山、静安地区二手房每日房源新增数量变化曲线的折线图。

（3）使用 Bokeh 工具绘制 2020 年上海市房源发布数量大于 100 的地区分布情况的柱状图。

（4）使用 Bokeh 工具绘制 2020 年上海市各地区二手房房源发布数据分布情况的饼状图。

（5）使用 Bokeh 工具绘制 2019 年上海市各地区二手房房源发布数据分布情况的饼状图。

【技术要点】

在数据可视化设计过程中，我们需要掌握以下技术要点。

（1）掌握使用 Bokeh 可视化工具绘图的步骤。

（2）掌握 Bokeh 可视化工具的常用基础知识。

（3）掌握使用 Bokeh 可视化工具绘制各类绘图模型的适用场景。

（4）掌握使用 Bokeh 可视化工具绘制各类绘图模型的方法。

10.3.1　绘制 2020 年上海市二手房每日房源新增数量变化的折线图

使用 Bokeh 工具绘制 2020 年上海市二手房每日房源新增数量变化的折线图。使用 Bokeh 工具中绘制 2020 年上海市浦东、宝山、静安地区二手房每日房源新增数量变化曲线的折线图。

【实现步骤】

（1）通过 JSON 工具加载任务 10.1 中采集的二手房房源数据，再利用 pandas 工具将 JSON 格式的数据转换为 pandas 数据格式。

（2）根据绘图需求，需预处理上海市每日房源新增数量、上海市浦东区每日房源新增数量、上海市宝山区每日房源新增数量、上海市静安每日房源新增数量等数据，为后续绘制折线图做数据准备。

（3）创建 Bokeh 独有的数据形式 ColumnDataSource。

（4）创建绘图模式并设置绘图样式。

（5）根据个性化样式创建 figure 画布。

（6）根据任务需求创建折线图，并个性化地设置折线图属性。

（7）根据网格显示、排列折线图。

【具体实现】

核心代码如下。

```
1.  import json
2.  import pandas as pd
3.  from bokeh.io import show,output_file
4.  from bokeh.models import ColumnDataSource
5.  from bokeh.plotting import figure
6.  from bokeh.layouts import gridplot
7.  #数据预处理
8.  #数据准备
9.  with open("../spiders/fangdd.json", "r") as rfile:
10.     datas=json.load(rfile)
11.     df=pd.DataFrame(datas)
12. #将二手房房源发布时间转换为 pandas 的 datetime 类型
13. df['house_pubdate']=pd.to_datetime(df['house_pubdate'])
14. #获取 2020 年的数据
15. df=df[df["house_pubdate"] >= '2020-01-01']
16. #根据发布时间排序
17. df=df.sort_values(by='house_pubdate').reset_index(drop=False)
18. #获取上海市每日房源新增数量
19. totals_df=df.groupby(by="house_pubdate")["house_title"].size().reset_index
    ().rename(columns= {'house_title':'total_nums'})
20. totals_source=ColumnDataSource(totals_df)
21. #获取上海市浦东区每日房源新增数量
22. pudong_df=df[df["house_info_addr1"]=='浦东'].groupby(by="house_pubdate")
    ["house_title"]. size().reset_index().rename(co lumns={'house_title':
    'pudong_nums'})
23. pudong_source=ColumnDataSource(pudong_df)
24. #获取上海市宝山区每日房源新增数量
```

```
25.  baoshan_df=df[df["house_info_addr1"]=='宝山'].groupby(by="house_pubdate")
     ["house_title"]. size().reset_index().rename(co lumns={'house_title':
     'baoshan_nums'})
26.  baoshan_source=ColumnDataSource(baoshan_df)
27.  #获取上海市静安区每日房源新增数量
28.  jingan_df=df[df["house_info_addr1"]=='静安'].groupby(by="house_pubdate")
     ["house_title"]. size().reset_index().rename(columns={'house_title':
     ' jingan _nums'})
29.  jingan_source=ColumnDataSource(jingan_df)
30.  #上海市二手房每日房源新增数量变化曲线
31.  total_plot=figure(x_axis_type="datetime", title="2020 年上海市二手房每日房源新
     增数量变化曲线", plot_width=600, plot_height=400)
32.  total_plot.line('house_pubdate', 'total_nums', line_color='#FFD700', legend_
     label='上海市二手房房源新增数量', source=totals_source, line_width=2)
33.  total_plot.legend.location="top_left"
34.  #设置边框颜色
35.  total_plot.outline_line_color="#8DB6CD"
36.  #设置边框宽度
37.  total_plot.outline_line_width=1
38.  #设置边框透明度
39.  total_plot.outline_line_alpha=0.8
40.  #设置 X 轴属性
41.  #设置 X 轴标签
42.  total_plot.xaxis.axis_label="年份"
43.  #设置 X 轴刻度颜色
44.  total_plot.xaxis.major_label_text_color="red"
45.  #设置 Y 轴属性
46.  #设置 Y 轴标签
47.  total_plot.yaxis.axis_label="二手房房源每单日新增数量"
48.  #设置 Y 轴刻度颜色
49.  total_plot.yaxis.major_label_text_color="red"
50.
51.  #上海市浦东、宝山、静安地区二手房每日房源新增数量变化曲线
52.  area_plot=figure(x_axis_type="datetime", title="2020 年上海市浦东、宝山、静安地
     区二手房每日房源新增数量变化曲线", plot_width=600, plot_height=400)
53.  area_plot.line('house_pubdate', 'pudong_nums', line_color='blue', legend_
     label='浦东地区二手房房源新增数量', source=pudong_source, line_width=2)
54.  area_plot.line('house_pubdate', 'baoshan_nums', line_color='green', legend_
     label='宝山地区二手房房源新增数量', source=baoshan_source, line_width=2)
55.  area_plot.line('house_pubdate', 'jingan_nums', line_color='orange', legend_
     label='静安地区二手房房源新增数量', source=jingan_source, line_width=2, line_dash="5 5")
56.  area_plot.legend.location="top_left"
57.  #设置边框颜色
58.  area_plot.outline_line_color="#8DB6CD"
59.  #设置边框宽度
60.  area_plot.outline_line_width=1
61.  #设置边框透明度
62.  area_plot.outline_line_alpha=0.8
63.
64.  #设置 X 轴属性
65.  #设置 X 轴标签
66.  area_plot.xaxis.axis_label="年份"
67.  #设置 X 轴刻度颜色
```

```
68. area_plot.xaxis.major_label_text_color="red"
69.
70. #设置 Y 轴属性
71. #设置 Y 轴标签
72. area_plot.yaxis.axis_label="二手房房源每日新增数量"
73. #设置 Y 轴刻度颜色
74. area_plot.yaxis.major_label_text_color="red"
75. #坐标轴、图例设置
76. area_plot.xgrid.grid_line_color=None
77. area_plot.y_range.start=0
78. area_plot.y_range.end=20
79. #根据网格显示、排列图形
80. gridplot=gridplot([{total_plot,area_plot}],toolbar_location=None)
81.
82. show(gridplot)
```

运行结果如图 10.15 所示。

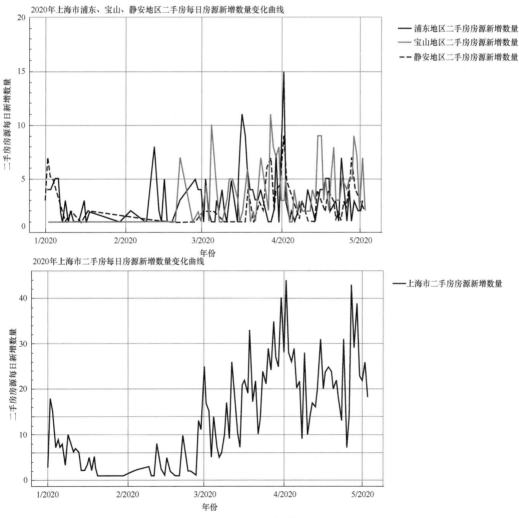

图10.15　运行结果

10.3.2　绘制 2020 年上海市房源发布数量大于 100 的地区分布柱状图

使用 Bokeh 工具绘制 2020 年上海市房源发布数量大于 100 的地区分布柱状图。

【实现步骤】

（1）通过 JSON 工具加载任务 10.1 中采集的二手房房源数据，再利用 pandas 工具将 JSON 格式的数据转换为 pandas 数据格式。

（2）根据绘图需求，需预处理 2020 年上海市房源发布数量大于 100 的地区分布情况的数据，为后续绘制柱状图做数据准备。

（3）创建 Bokeh 独有的数据形式 ColumnDataSource。

（4）创建绘图模式并设置绘图样式。

（5）根据个性化样式创建 figure 画布。

（6）根据任务需求创建柱状图，并个性化地设置柱状图属性。

（7）应用 Bokeh 工具中的悬浮工具控件改善交互可视化效果。

【具体实现】

核心代码如下。

```
1.  import json
2.  import pandas as pd
3.  from bokeh.io import show
4.  from bokeh.models import ColumnDataSource
5.  import bokeh.palettes as palettes
6.  from bokeh.plotting import figure
7.  from bokeh.transform import factor_cmap
8.  #数据预处理
9.  #数据准备
10. with open("../spiders/fangdd.json", "r") as rfile:
11.     datas=json.load(rfile)
12.     df=pd.DataFrame(datas)
13. #将二手房房源发布时间转换为 pandas 的 datetime 类型
14. df['house_pubdate']=pd.to_datetime(df['house_pubdate'])
15. #获取 2020 年的数据
16. df=df[df["house_pubdate"]>='2020-01-01']
17. #根据发布时间排序
18. df=df.sort_values(by='house_pubdate').reset_index(drop=False)
19. #获取上海市 2020 年各地区发布房源数量
20. df=df.groupby(by="house_info_addr1")["house_title"].size().reset_index().r
    ename(columns= {'house_title':'nums'})
21. #获取 2020 年发布房源数量大于 100 的地区信息
22. df=df[df["nums"]>=100]
23. source=ColumnDataSource(df)
24. #创建画布、设置画布属性
25. plot=figure(x_range=list(df['house_info_addr1']), plot_height=350,title="2020
    年上海市房源发布数量大于 100 的地区分布情况", tooltips="@house_info_addr1: @nums 套")
26. #绘图，分组颜色映射
27. plot.vbar(x='house_info_addr1', top='nums', width=0.9, source=source, legend=
```

```
        "house_info_addr1",
28.            line_color='white', fill_color=factor_cmap('house_info_addr1', palett
    e=palettes.Spectral7, factors=df['house_info_addr1']))
29. #坐标轴、图例设置
30. plot.xgrid.grid_line_color=None
31. plot.y_range.start=0
32. plot.y_range.end=400
33. #设置 X 轴属性
34. #设置 X 轴标签
35. plot.xaxis.axis_label="上海市地区分布"
36. #设置 Y 轴属性
37. #设置 Y 轴标签
38. plot.yaxis.axis_label="2020 年二手房房源新增数量（套）"
39. plot.legend.orientation="horizontal"
40. plot.legend.location="top_left"
41. show(plot)
```

运行结果如图 10.16 所示。

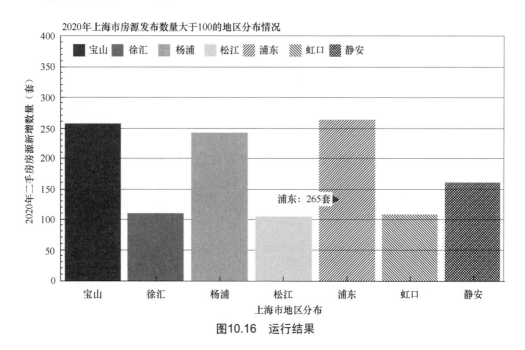

图10.16　运行结果

10.3.3　绘制 2020 年及 2019 年上海市各地区二手房房源发布数据分布情况的饼状图

使用 Bokeh 工具绘制 2020 年上海市各地区二手房房源发布数据分布情况的饼状图。使用 Bokeh 工具绘制 2019 年上海市各地区二手房房源发布数据分布情况的饼状图。

【实现步骤】

（1）通过 JSON 工具加载任务 10.1 中采集的二手房房源数据，再利用 pandas 工具将

JSON 格式的数据转换为 pandas 数据格式。

（2）根据绘图需求，需预处理 2020 年上海市各地区二手房房源发布数据分布情况及 2019 年上海市各地区二手房房源发布数据分布情况的数据，为后续绘制饼状图做数据准备。

（3）创建 Bokeh 独有的数据形式 ColumnDataSource。

（4）创建绘图模式并设置绘图样式。

（5）根据个性化样式创建 figure 画布。

（6）根据任务需求创建饼状图，并个性化地设置饼状图属性。

（7）应用 Bokeh 工具中的面板及选项卡改善可视化效果。

【具体实现】核心代码如下：

```
1.  import json
2.  from math import pi
3.  import pandas as pd
4.  import bokeh.palettes as palettes
5.  from bokeh.io import show
6.  from bokeh.models import Panel, Tabs, ColumnDataSource
7.  from bokeh.plotting import figure
8.  from bokeh.transform import cumsum
9.  #2020 年上海市各地区二手房房源发布数据分布
10. #数据准备
11. with open("../spiders/fangdd.json", "r") as rfile:
12.     datas=json.load(rfile)
13.     df=pd.DataFrame (datas )
14. #将二手房源发布时间转换为 pandas 的 datetime 类型
15. df['house_pubdate']=pd.to_datetime(df['house_pubdate'])
16. #获取 2020 年的数据
17. df_2020=df[df["house_pubdate"]>='2020-01-01']
18. #根据发布时间排序
19. df_2020=df_2020.sort_values(by='house_pubdate').reset_index(drop=False)
20. #2020 年上海市各地区二手房房源新增数量
21. df_2020=df_2020.groupby(by="house_info_addr1")["house_title"].size().
    reset_index().rename (columns={'house_title':'total _nums'})
22. df_2020['pi']=df_2020['total_nums']/df_2020['total_nums'].sum() * 2*pi
23. df_2020['colors']=palettes.Category20c[len(df_2020)]
24. #获取 2019 年的数据
25. df_2019=df[df["house_pubdate"] < '2019-12-31']
26. #根据发布时间排序
27. df_2019=df_2019.sort_values(by='house_pubdate').reset_index(drop=False)
28. #2019 年上海市各地区二手房房源新增数量
29. df_2019=df_2019.groupby(by="house_info_addr1")["house_title"].size().
    reset_index().rename (columns={'house_title':'total_nums'})
30. df_2019['pi']=df_2019['total_nums']/df_2019['total_nums'].sum() * 2*pi
31. df_2019['colors']=palettes.Category20c[len(df_2019)]
32. print(df_2019)
33. #创建画布、设置画布属性
```

```
34. plot_2020=figure(plot_height=500, title="2020 年上海市各地区二手房房源发布数据分
    布情况",
35.         tools="save,hover", tooltips="@house_info_addr1: @ total _nums 套", x_
    range=(-0.5, 1.0))
36. #绘图，分组颜色映射
37. plot_2020.wedge(x=0, y=1, radius=0.5,
38.         start_angle=cumsum('pi', include_zero=True), end_angle=cumsum('pi'),
39.         line_color="white", fill_color='colors', legend='house_info_addr1',
    source=df_2020)
40. #坐标轴、图例设置
41. plot_2020.axis.axis_label=None
42. plot_2020.axis.visible=False
43. plot_2020.grid.grid_line_color=None
44. #设置选项卡
45. panel_2020=Panel(child=plot_2020, title="plot_2020")
46.
47. #创建画布、设置画布属性
48. plot_2019=figure(plot_height=500, title="2019年上海市各地区二手房房源发布数据分布情况",
49.         tools="save,hover", tooltips="@house_info_addr1: @ total _nums 套",
    x_range=(-0.5, 1.0))
50. #绘图，分组颜色映射
51. plot_2019.wedge(x=0, y=1, radius=0.5,
52.         start_angle=cumsum('pi', include_zero=True), end_angle=cumsum('pi'),
53.         line_color="white", fill_color='colors', legend='house_info_addr1',
    source=df_2019)
54. #坐标轴、图例设置
55. plot_2019.axis.axis_label=None
56. plot_2019.axis.visible=False
57. plot_2019.grid.grid_line_color=None
58. #设置选项卡
59. panel_2019=Panel(child=plot_2019, title="plot_2019")
60. #设置面板
61. tabs=Tabs(tabs=[ panel_2019, panel_2020 ])
62. show(tabs)
```

运行结果如图 10.17 所示。

至此，Bokeh 工具的可视化展示项目就结束了。

本书介绍了 Matplotlib、PyEcharts 和 Bokeh 这 3 种可视化工具。其中，Matplotlib 是应用较广泛的可视化工具，其缺点是不能进行交互，默认的图表样式比较基础，美观度不足；PyEcharts 继承了 Echarts 的样式风格，默认的图表样式非常美观，而且支持交互操作；Bokeh 同样可以灵活地将交互式应用、布局、样式选择用于可视化，同时它还可以利用简洁的代码快速搭建复杂的统计图形。

对于上述知识点如果读者还有些不理解，则可以回顾、浏览前几章的内容补充学习。

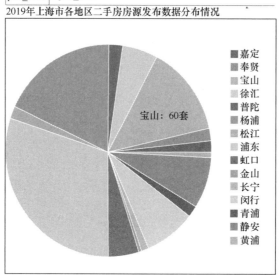

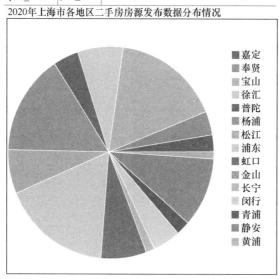

图10.17 运行结果